★ 国防科技知识大百科

天网无边——航天武器

田战省 主编

西北工业大学出版社

西安

图书在版编目（CIP）数据

天网无边：航天武器/田战省主编. — 西安：西
北工业大学出版社，2018.11
（国防科技知识大百科）
ISBN 978-7-5612-6396-9

Ⅰ. ①天… Ⅱ. ①田… Ⅲ. ①航天武器-青少年读物
Ⅳ. ①TJ8-49

中国版本图书馆 CIP 数据核字（2018）第 270268 号

TIANWANG WUBIAN—HANGTIAN WUQI
天网无边——航天武器

责任编辑：隋秀娟		策划编辑：李 杰	
责任校对：刘宇龙		装帧设计：李亚兵	

出版发行：西北工业大学出版社

通信地址：西安市友谊西路 127 号　　邮编：710072

电　　话：(029) 88491757，88493844

网　　址：www.nwpup.com

印 刷 者：陕西金和印务有限公司

开　　本：787 mm × 1 092 mm　　　1/16

印　　张：10

字　　数：257 千字

版　　次：2018 年 11 月第 1 版　　2018 年 11 月第 1 次印刷

定　　价：58.00 元

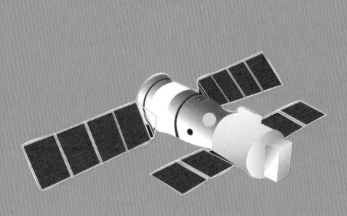

Preface 序

国防,是一个国家为了捍卫国家主权、领土完整所采取的一切防御措施。它不仅是国家安全的保障,而且是国家独立自主的前提和繁荣发展的重要条件。现代国防是以科学和技术为主的综合实力的竞争,国防科技实力和发展水平已成为一个国家综合国力的核心组成部分,是国民经济发展和科技进步的重要推动力量。

新中国成立以来,我国的国防科技事业从弱到强、从落后到先进、从简单仿制到自主研发,建立起了门类齐全、综合配套的科研实验生产体系,取得了许多重大的科技进步成果。强大的国防科技和军事实力不仅奠定了我国在国际上的地位,而且成为中华民族铸就辉煌的时代标志。

"少年强,则国强。"作为中国国防事业的后备力量,青少年了解一些关于国防科技的知识是相当有必要的。为此,我们编写了这套《国防科技知识大百科》系列丛书,内容涵盖轻武器、陆战武器、航空武器、航天武器、舰船武器、核能与核武器等多个方面,旨在让青少年读者不忘前辈探索的艰辛,学习和运用先进的国防军事知识,在更高的起点上为祖国国防事业做出更大的贡献。

前言

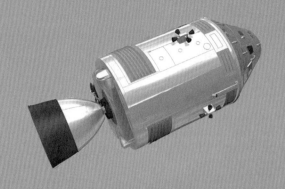

　　每当我们仰望夜空，看着皎洁的月色，就会想起在中国流传了几千年的"嫦娥奔月"的故事。虽然这只是一个美丽的传说，但从它看出了古人对飞天的渴望。人类在追梦的过程中，虽然经历了惨痛的失败，却一直没有放弃。

　　到 20 世纪后半期，这个梦想变成了现实。1957 年，苏联成功发射了人类历史上第一颗人造卫星。1961 年，人类第一次乘坐宇宙飞船进入太空。接着，各种行星探测器先后访问了月球、彗星、行星等许多天体。这些活动，标志着人类的航天技术在迅速发展，也让我们对宇宙有了更深的认识。航天技术的发展不止表现在探索宇宙上，还表现在生活应用上。气象卫星、通信卫星、环境卫星等为人类的日常生活提供了各种服务。

　　本书是科普读物，分为航天知识、太空战场、航天应用三个板块，集中介绍一系列航天历史、知识和成果。它用生动的文字和精美的图片为读者呈现了充满趣味的征服宇宙的武器。相信读者一定能在本书中找到探索宇宙的乐趣。

目录 Contents

航天应用

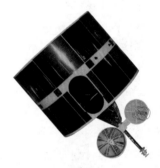

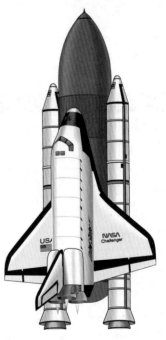

航天知识 ▶▶▶

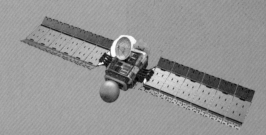

在古代,关于飞天的传说数不胜数,那都是人类对航天的渴望。随着科学技术的发展,人类不再停留于想象,开始运用科学手段观察浩瀚的天空,并动手寻找飞向太空的方法。人类不断探索,获得了先进的航天技术,将宇宙飞船、航天飞机等飞行器和宇航员送入太空。当然,太空环境和地球环境大有不同,那里冰冷、缺氧、辐射强,对人的身体很不利。因此,载人航天器都是经过精心设计的,为的就是能让宇航员在宇宙中安全、舒适地生活和工作。

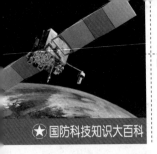

航　天

　　遨游太空，探索浩瀚的宇宙，是人类千百年来的美好愿望。20 世纪，随着科学技术的进步，人类的飞天梦想变成了现实。各种航天器飞上天空和载人航天器的发射，使人类的身影出现在了太空。航天是一项科技密集、综合性很强的高科技产业，体现了现代科学技术的发展和成就，反映了一个国家的整体科学技术水平和高技术产业水平，是一个国家实力的综合体现。

★★★ 航天的定义 ▶▶

　　航天又称空间飞行、太空飞行、宇宙航行或航天飞行，是指人造卫星、宇宙飞船等航天器在大气层外宇宙空间的航行活动。航天活动包括航天技术、空间应用和空间科学三大部分。其中，航天技术是指为航天活动提供技术手段和保障条件的综合性工程技术，它涉及的技术门类几乎囊括了整个现代技术体系，可以说是综合性最强的高新工程技术；空间应用指的是利用航天技术及其开发的空间资源在各领域的各种应用技术的总称。

▶ 运载火箭是航天器的运载工具

◀ 航天飞机是人类探索外层空间的航天器

★★★ 与航空的区别 ▶▶

　　航空是指一切与天空有关的人类活动，是飞机等飞行器在地球附近大气层中的飞行活动。飞机、直升机、飞艇等飞行器被统称为航空器。这些机器要依靠空气浮升，依靠动力装置驱动，它们只能在大气层内飞行。航天指的是一切与太空有关的人类活动，是人造卫星、宇宙飞船等冲破大气层到宇宙空间中去活动。它们的发射和运行都依赖火箭发动机提供的推力，它们既带燃烧剂又带氧化剂。

航天系统

航天系统是指由航天器、航天运输系统、航天发射场、航天测控网、应用系统等组成的能完成特定航天任务的复杂工程系统，具有规模庞大、系统复杂、技术密集、综合性强、投资大、周期长、风险大等特点，是国家级的大型工程系统。此外，完善的航天系统还是一个国家航天实力和综合国力的重要标志。

载人航天

载人航天是指人类驾驶和乘坐载人航天器在太空中从事各种探测、研究、试验、生产和军事应用的往返飞行活动。根据飞行和工作方式的不同，载人航天器可分为载人宇宙飞船、载人空间站和航天飞机三类。载人航天的目的在于人类乘坐航天器进入太空，探索求解更多的宇宙奥秘，充分利用太空和载人航天器的特殊环境进行各种研究和试验活动，从而能更好地开发太空资源，最终为人类造福。

▲ 宇航员在月球上进行科考工作

见微知著　　　　四大领域

人们常说"陆、海、空、天"是人类活动的四大领域。陆地是人类的第一活动场所，后来人类活动渐渐扩展至海洋，海洋成为人类活动的第二领域，再后来又扩展到第三领域大气层内空间，到如今已经延伸到了第四环境——外层空间。

古人的幻想

当古人看见鸟儿自由飞翔时,便开始幻想自己也能拥有飞天的本领。飞天是很多人的梦想,但是由于科技发展水平的限制,人们做不到,就寄托于神话。嫦娥奔月、黄帝乘龙而去等广为流传的民间故事,体现了早期人们飞天的梦想。在一段很漫长的历史时期内,人类的航天事业发展得很慢。虽然曾出现了一些设计的飞行器,但是功能都没能达到人们所期望的程度。

★★★ 从神话开始的梦 ▶▶▶

在中国的文学作品中有很多传世的神话,其中也不乏有人们对飞翔的渴望。《西游记》是中国古代四大名著之一。书中的灵魂人物孙悟空,就有着腾云驾雾的本领。孙悟空一个跟斗十万八千里,可以绕地球转一圈多。这已经远远超出了目前航天器的速度。在另一部神魔小说《封神榜》中,雷震子长着一对奇异的翅膀,能够飞上高空。

▶ 孙悟空
腾云

▲ 嫦娥奔月

★★★ 神话中的登月 ▶▶▶

嫦娥本是一位美貌的平凡女子,是最早登上月球的人。有一天,她偷吃了丈夫从西王母那儿讨来的不死之药后,飞到月宫,一直居住在广寒宫里,过着寂寞、凄苦的生活。当然,阿姆斯特朗踏上月球时,并没有见到凄美的嫦娥,因为她只是一个神话人物,是中国人飞天梦想的寄托。

★ 敦煌飞天 ▶▶

佛教把在空中飞行的天神称为飞天，中国古代工匠根据飞天的传说，在敦煌莫高窟绘制出了众多飞天形象。飞天善歌舞，敦煌壁画中许多飞天怀抱乐器，仿佛在弹奏美妙的乐曲。飞天体态优美、身姿轻盈、衣带飘飘，他们有的横游太空，有的振臂腾飞，有的合手下飞，气度豪迈大方。

★ 希腊的飞天传说 ▶▶

在希腊神话中也有类似的飞天传说，像著名的代达罗斯和伊卡洛斯父子。代达罗斯是一位伟大的艺术家，因为犯罪而带着儿子逃到了克里特岛，后来思念家乡，想方设法返回。他们用蜡把羽毛粘起来做成翅膀，在飞向太阳的时候，因为温度变高，儿子伊卡洛斯翅膀上的蜡熔化了，不幸坠入大海。父亲代达罗斯凭借这对翅膀飞越了爱琴海，到达那不勒斯。

▲ 飞天

★ 聚焦历史 ★

据史书记载，西汉有一位猎人用鸟的羽毛造了一对很大的人造翅膀，缚在自己身上，从高处跃下尝试飞行，甚至还当众做了表演，飞了"几百步远"。这就是古人通过观察和实践，探索飞天，祈求也能鹰击长空、上天入地的例子。

▼ 代达罗斯和伊卡洛斯

★ 万户飞天 ▶▶

万户是世界上第一个希望借助火箭实现飞天愿望的人。在公元1500年左右，万户自制两个大风筝，安装在一把椅子的两边，并把自制的47枝火箭绑在椅子背后，自己坐在椅子上，然后命仆人按口令点燃火箭。万户想利用火箭的推力，加上风筝的力量飞向天空。但事与愿违，火箭在点燃的一瞬间，喷出火焰，发出轰鸣的声音，万户随着轰鸣声消逝了。

★国防科技知识大百科

现代航天先驱者

各种航天技术和设备出现的时间并不长，但是人类开展航天探索的历史已经很久了。在现代火箭出现以前，就已经有人开始探索天外世界，但没有成功。除了牛顿的贡献，很多科学家的发现都为航天事业提供了理论上的支持。其中还有很多人把自己的一生奉献给航天事业。他们是航天事业当之无愧的领航员、领导者和英雄。

★★★ 齐奥尔科夫斯基 》》

康斯坦丁·齐奥尔科夫斯基是现代航天学和火箭理论的奠基人。1857年，齐奥尔科夫斯基在俄国出生，他依靠自学获得了渊博的数理知识。1903年，他写出了世界上第一部喷气运动理论著作《利用喷气工具研究宇宙空间》，提出了利用液体推进剂制造火箭的构思和原理图，并推导出了著名的火箭公式。

▲ 齐奥尔科夫斯基

▼ 戈达德和他发明的液体火箭

★★★ 现代火箭技术之父 》》

火箭的发明不是某一个人的贡献，它集结了许多发明创造者的智慧。虽然齐奥尔科夫斯基在理论上取得了巨大的进展，但真正的突破却发生在美国。1912年，罗伯特·戈达德证明了火箭可以在真空中运行，并第一个制造出了齐奥尔科夫斯基所设想的液体燃料火箭，因此被誉为"现代火箭技术之父"。1929年，戈达德发射了第一枚载有仪器的火箭，它带有一支气压计、一支温度计和一架用来拍摄飞行全过程的照相机。

埃斯诺·贝尔特

埃斯诺·贝尔特是法国著名的数学和物理学家。1912年,埃斯诺·贝尔特提出了第一宇宙速度,即保证飞行器不会落到地面的最小速度,这个速度是 7.91 千米/秒。之后,他又推导出了火箭在真空中运动的方程,并求出了火箭逃逸地球的速度为 11.28 千米/秒,即第二宇宙速度。

▲ 埃斯诺·贝尔特

德国航天之父

赫尔曼·奥伯特是一名数学和物理学教授,被称为"德国火箭之父"。1923 年,他出版了宇宙航行学经典著作《飞向行星际空间的火箭》。书中提出空间火箭点火的理论公式,用数学的方法阐明了火箭如何获得脱离地球引力的速度。1929 年,奥伯特设计了名为"锥形喷管"的小型液体推进级火箭。这枚火箭在1930 年 7 月 23日成功经过了发射测试。

见微知著 　　第三宇宙速度

飞行器能够脱离太阳系引力的最小速度称为第三宇宙速度,即16.7 千米/秒。如果一个飞行器想要飞出太阳系,那么它的最小速度不仅不能小于第三宇宙速度,而且其飞行方向要与地球公转方向一致。

▲ 赫尔曼·奥伯特

冯·布劳恩

冯·布劳恩是 V-1,V-2 火箭的总设计师。他起初一直在德国工作。第二次世界大战(以下简称"二战")后,他和他的研究小组来到了美国,继续对火箭进行研究。在这期间,他们先后研制出了"红石""丘比特""潘兴"导弹。此外,他还是美国第一颗人造卫星研制的关键人物,主持了"阿波罗"登月计划,完成了美国航天飞机的初步设计,为航天事业做出了巨大的贡献。

▶ 冯·布劳恩

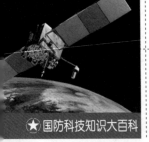

★ 国防科技知识大百科

火　箭

中国是火箭的故乡。中国古代火箭已有 800 多年的历史，它依靠自身喷气向前推进，与现代火箭的原理相同。火箭作为运载工具使用的历史并不长，最早出现在二战末期。二战结束以后，美国和苏联瓜分了德国的火箭研究人员和资料，并投入大力气发展火箭技术。从此，火箭开始迅速发展，并逐步成为现代航天活动中重要的运载工具。

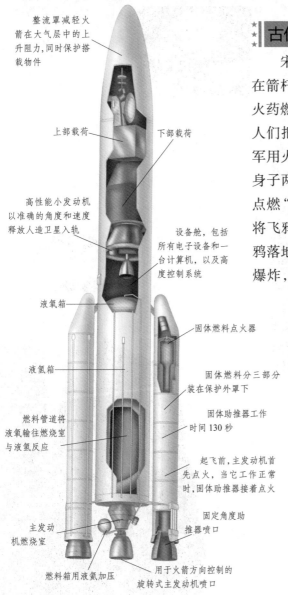

整流罩减轻火箭在大气层中的上升阻力，同时保护搭载物件

上部载荷

下部载荷

高性能小发动机以准确的角度和速度释放人造卫星入轨

设备舱，包括所有电子设备和一台计算机，以及高度控制系统

液氧箱

固体燃料点火器

液氢箱

固体燃料分三部分装在保护外罩下

固体助推器工作时间 130 秒

燃料管道将液氧输往燃烧室与液氢反应

起飞前，主发动机首先点火，当它工作正常时，固体助推器接着点火

主发动机燃烧室

固定角度助推器喷口

燃料箱用液氮加压

用于火箭方向控制的旋转式主发动机喷口

▲ 火箭的结构示意图

★★ 古代火箭 ▶▶

宋代时，人们把装有火药的筒绑在箭杆上，或在箭杆内装上火药，点燃引火线后射出去。箭借助火药燃烧向后喷火所产生的反作用力而飞得更远，人们把这种喷火的箭叫作火箭。神火飞鸦是一种军用火箭，它的形状像乌鸦，内部装有火药。火箭身子两侧各装两支"起火"。点燃"起火"，产生的推力能将飞鸦射至 300 多米远。飞鸦落地时内部的火药被引燃爆炸，类似今天的火箭弹。

▲ 神火飞鸦草图

★★ 工作原理 ▶▶

火箭的工作利用了"作用力和反作用力"的原理。火箭燃料燃烧产生高温高压气体。这些气体从尾喷管高速喷出，在反作用力的作用下，箭体就向前飞去。火箭自身携带燃烧剂和氧化剂，因此它既可在大气中，又可在外层空间飞行。火箭升空后，随着燃料不断消耗，火箭自身重力的影响不断下降，因此火箭的速度越来越快。火箭飞行所能达到的最大速度，取决于喷气速度和火箭起飞时的重量与燃料燃尽时的重量。

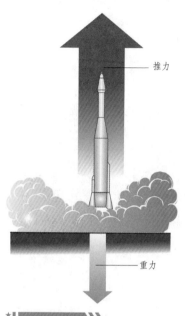

推力

重力

★★★ 飞行原理 ▷▷▷

　　火箭是靠火箭发动机向前推进的。火箭发动机点火以后,发动机的燃烧室会产生大量高压燃气。高压燃气所产生的对燃烧室的反作用力,使火箭沿燃气喷射的反方向前进。火箭推进原理依据的是牛顿第三定律:作用力和反作用力大小相等,方向相反。例如,一个充满了空气的气球,如果放开气球的出气口,气球里的空气就会喷出来,而气球也会向相反的方向运动,这种现象在物理上叫作反冲。火箭的飞行也是这个道理,只不过它需要的能量更大。

★★★ 多级火箭 ▷▷▷

　　为了克服速度与质量之间的矛盾,科学家们研制出了多级火箭。这种火箭分为多级,每一级里都有燃料,烧完一级就扔一级,这样火箭就越飞越轻,速度也就越来越快。不过,火箭级数并不是越多越好。火箭级数越多,构造就越复杂,工作时的可靠性也就越差。

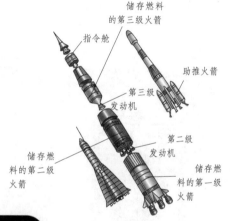

储存燃料的第三级火箭

指令舱

助推火箭

第三级
发动机

储存燃料的第二级火箭

第二级
发动机

储存燃料的第一级火箭

▲ 多级火箭结构图

◀ 多级火箭逐级
分离想象图

助推火箭

★★★ 运载火箭 ▷▷▷

　　运载火箭是一种运载工具,负责把人造卫星、载人飞船、空间站等送入预定轨道。它们一般都是多级火箭。许多运载火箭的第一级外围捆绑有助推火箭。助推火箭可以是固体(燃料)火箭,也可以是液体(燃料)火箭,其数量可根据需要来选择。

寻根问底

为什么火箭总是垂直发射的?

　　火箭在起飞的一刹那要减轻火箭的重量,飞行过程中还要减少空气阻力。假设不是垂直发射而是倾斜发射的,那么火箭就一定会在倾斜的发射架上滑行非常长的距离才能获得足够的起飞力量,这不仅要多消耗能量,而且要有很长的发射架。

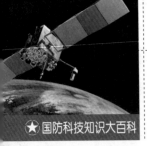

★国防科技知识大百科

火箭的燃料

　　火箭升空需要推进系统提供大量的能量,因此推进器中的燃料是火箭能否顺利升空的关键。从火箭发明至今,火箭的燃料经历了翻天覆地的变化。人们通常将其称作"火箭推进剂"。早期火箭的主要动力是黑火药。火药的主要成分是硝石、硫磺和木炭。火药触火即燃,特别是在密闭的容器中,能够在瞬间产生很大的爆发力。在现代,火箭的燃料被区分称为固体推进剂和液体推进剂。火箭也由此分别简称为固体火箭和液体火箭。

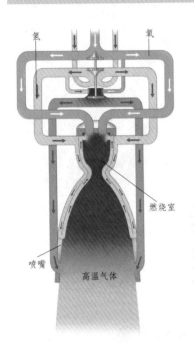

氢　　　　氧

燃烧室

喷嘴　　　高温气体

★火箭推进剂 》》

　　固体火箭的结构和液体火箭差别不大,但是相比之下,它没有推进剂储存箱。固体火箭的内部塞满了固体推进剂。在燃料箱的中间有一条细窄的空间,叫作"燃烧室"。在燃烧室内,推进剂可以从上到下均匀地燃烧,发挥出燃料的最大功率。液体火箭的内部装满了液氧和液氢等液体推进剂,它们可以在真空中燃烧,燃烧后只会产生无污染的水蒸气或其他毒性小的产物。

　　▶主发动机和固体火箭助推器在工作。主发动机喷出的是不明显的水蒸气。助推器喷出的是化学烟雾

固体推进剂助推器

★固体燃料 》》

　　固体燃料是燃料中的一大类,大都含有碳或碳氢化合物,是固态的化石燃料、生物质燃料经过加工处理所得的。与液体燃料或气体燃料相比,固体燃料的燃烧较难控制,效率较低。固体火箭燃料是一种特殊品种,由包含氧化剂和燃料的小球组成,小球中还包含了仿制燃料在推进器内被分解的添加剂。固体燃料放入火箭之后,可以长时间保存。但是,固体燃料会占据火箭内部大量空间,而且一旦点燃,中途没有办法停下来。

★★★ 液体燃料 ▶▶▶

　　液体燃料既可以是单质、化合物,也可以是混合物。常用的液体推进剂有四氧化二氮、硝酸、液氢、偏二甲肼、过氧化氢和碳氢化合物等。混合物的组合有酒精和液态氧、煤油和液态氧、液态氢和液态氧等。另外,液体燃料除了要求高的能量外,还必须具有冰点低、沸点高、密度大、点火与燃烧性能好、毒性小等特点。液态氧和液态氢的沸点分别是-183℃和-253℃,虽然很难处理,但目前它们是最理想的火箭燃料。

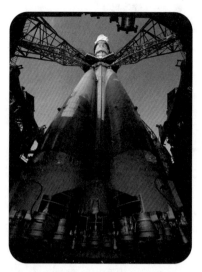

▲ 联盟号系列运载火箭的液体火箭发动机

▲ 火箭的发动机

★ 聚焦历史 ★

　　1914年,美国火箭发动机发明家罗伯特·戈达德认识到液氢和液氧是理想的火箭推进剂,并证明了在真空中存在推力。此外,他还率先从数学上探讨了包括液氢和液氧在内的各种燃料的能量和推力与其重量的比值。

★★★ 燃料燃烧 ▶▶▶

　　火箭发动机点火后,发动机内的推进剂在燃烧室里燃烧,产生大量燃气。这时,燃气的体积比以前扩大了很多倍,因此发动机内的压强非常高。在这种高压强的作用下,燃气以很高的速度从火箭发动机喷出,对火箭产生一个推力。在这个推力的作用下,火箭便开始了自己的旅程。当推进剂加速燃烧时,推进器将产生不断增强的推力,火箭的速度就会变快,反之,火箭的速度就会慢下来。

◀ 航天飞机起飞时,燃料燃烧后释放出大量的热气体

各国的火箭

美国和俄罗斯是世界上最早发展运载火箭的国家。从 20 世纪 50 年代起,美国先后研制了"德尔塔"系列等几十种运载火箭。而"联盟"号系列和"质子"号系列是俄罗斯使用最频繁的运载火箭。欧洲虽然起步比美国和俄罗斯晚,但成就依然卓越,研制的运载火箭也有数十种。中国作为后起之秀,经过几十年的艰苦努力,研制的"长征"系列运载火箭在国际火箭发射领域也占有重要一席。

★★ 美国火箭 ≫≫

"德尔塔"运载火箭系列是美国火箭的主力。它们是在"雷神"中程导弹基础上发展起来的航天运载器,其发射次数居美国其他各型火箭之首。世界第一颗地球同步轨道卫星就是由它们中的成员发射升空的。"德尔塔"原型火箭由"先锋"号火箭和"雷神"中程导弹组成,火箭长 28.06 米,最大直径 2.44 米。"德尔塔 2914"火箭是该系列火箭中发射次数最多的一种火箭,主要用于发射地球同步轨道卫星。

▲"德尔塔 2914"火箭发射瞬间

◀ 俄罗斯"联盟"号运载火箭是世界上使用最频繁的火箭,至今已经成功地发射了 1 000 多次,成功率达到 97.9%

★★ 俄罗斯火箭 ≫≫

"联盟"号系列和"质子"号系列运载火箭担负着俄罗斯主要的运载任务。"联盟"号运载火箭是"联盟"号子系列中的两级型火箭,是通过挖掘"东方"号火箭的潜力和采用新的更大推力发动机研制而成的,因发射"联盟"系列载人飞船而得名。"质子"号火箭是目前世界上运载能力最大的火箭之一,曾发射过"礼炮"1~7 号空间站、"和平"号空间站各舱段和其他大型近地轨道有效载荷。

★欧洲火箭★

1973 年 7 月，欧洲 12 个国家成立了欧洲空间局，着手实施火箭计划，并研制出了"阿里安"系列火箭。"阿里安"5ECA 是加强型火箭，长度为 56 米，直径为 5.4 米，起飞重量 780 吨，载荷重量可达 10 吨。改进后的"阿里安"5ECA 型火箭的固体助推器采用更轻型的固体助推器外壳，主火箭采用新型低温发动机，推力提高了 20%，同步转移轨道运载能力增加了 1 300 千克。

★聚焦历史★

2015 年 9 月 20 日 7 时 1 分，中国新型运载火箭"长征"六号在太原卫星发射中心点火发射，成功将 20 颗微小卫星送入太空。此次发射任务的圆满成功创造了中国航天一箭多星发射的新纪录。

▲ "阿里安"-1　　▲ "阿里安"-2　　▲ "阿里安"-3　　▲ "阿里安"-4　　▲ "阿里安"-5　　▲ "阿里安"-55ECA

★中国火箭★

中国火箭的翘楚当属"长征"系列火箭，曾成功地将"东方红"一号卫星送入预定轨道。"长征"七号系列火箭是中国研制的新一代高可靠、高安全的中型液体运载火箭，主要用于满足中国载人空间站工程中发射货运飞船的需求。"长征"七号基本型总长 53.1 米，最大直径 3.35 米，起飞重量约 597 吨，运载能力达到近地轨道 13.5 吨，于 2017 年 6 月 25 日在中国海南文昌发射场实现首飞。

▲ "长征"系列火箭模型

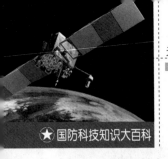

太空轨道

    运载火箭的发射需要考虑的因素很多,像航天器的轨道、工作条件、天气因素和地面追踪测控等。其中,航天器要进入何种轨道最为重要。轨道实际上就是卫星、宇宙飞船等绕星球飞行时的路线,是一个抽象的概念,肉眼是看不到的。从1957年起,已经有数千颗人造卫星进入围绕地球运行的轨道中了。

★ 轨道的分类 ▶▶

    卫星的功能不同,轨道也不同。人造地球卫星的轨道按高度分为低轨道和高轨道,按地球自转方向分为顺行轨道和逆行轨道。其中,还有一些具有特殊意义的轨道,如赤道轨道、地球同步轨道、对地静止轨道、极地轨道和太阳同步轨道等。例如,通信卫星占用的是地球的同步轨道,而气象卫星占用极地轨道,探测卫星使用近地轨道。但是不论什么轨道,稳定安全都是首要考虑的。

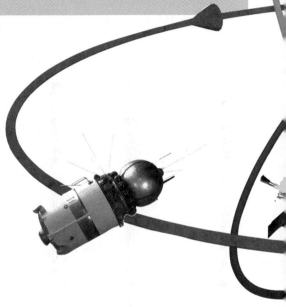

★ 顺行和逆行轨道 ▶▶

    顺行轨道的轨道倾角(轨道平面和赤道平面之间的夹角)小于90°。在这种轨道上运行的卫星绝大多数离地面较近,高度仅为几百千米,所以又将其称为近地轨道。中国地处北半球,要把卫星送入这种轨道,运载火箭要朝东南方向发射,这样才能利用地球自西向东自转的部分速度,节约火箭的能量。逆行轨道的轨道倾角大于90°。想要把卫星送入逆行轨道,运载火箭需要朝西南方向发射。这样不仅无法利用地球自转的部分速度,而且还要付出额外能量克服地球自转。

◀ 人造卫星根据担负的任务不同,其在地球上空的运行轨道也不同

★★★ 极地轨道 ▶▶▶

极地轨道的轨道倾角为90°,因轨道平面通过地球南北两极而得名。在极地轨道上运行的卫星可以飞经地球上任何地区的上空,是观测整个地球的最合适的轨道。气象卫星、资源卫星、侦察卫星经常采用这种轨道。

极地轨道

顺行轨道

逆行轨道

赤道轨道

★★★ 太阳同步轨道 ▶▶▶

太阳同步轨道与赤道面的夹角在90°~100°,轨道高度为500~1 000千米。太阳同步轨道的特点是太阳光和轨道平面的夹角保持不变,轨道平面绕地轴的旋转方向和周期与地球绕太阳的公转方向和周期相同。太阳同步轨道上的卫星,每次经过同一纬度地面目标上空时,都能保持相同的光照条件,因此可在同样条件下重复观测地球。

★★★ 赤道轨道 ▶▶▶

赤道轨道的轨道倾角为0°,轨道平面与地球赤道平面重合,即卫星在赤道上空运行。这种轨道有无数条,但其中的一条地球静止轨道具有特殊的重要地位。卫星处在地球静止轨道上,运行一周的时间恰好和地球自转一周的时间相同。因为卫星环绕周期等于地球自转周期,两者方向又一致,所以相互之间保持相对静止。从地面上看,卫星犹如固定在赤道上空某一点。

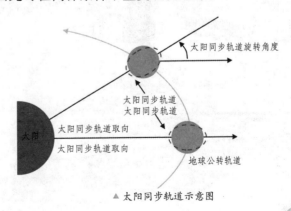

太阳同步轨道旋转角度

太阳同步轨道
太阳同步轨道

太阳

太阳同步轨道取向
太阳同步轨道取向

地球公转轨道

▲ 太阳同步轨道示意图

★ 国防科技知识大百科

各国的航天发射中心

在航天发射测控体系中,发射场是其中的重要组成部分。美国的航天技术世界领先,拥有着先进的航天发射中心,例如肯尼迪航天中心。欧洲的俄罗斯、法国等国家也拥有先进的航天发射中心,其中最著名的有俄罗斯的拜科努尔发射场、法国的库鲁航天发射中心等。随着近年来中国航天发射任务的增多,酒泉、西昌等航天发射中心正日益引起人们的关注。

★ 肯尼迪航天中心 ▶▶

肯尼迪航天中心位于美国佛罗里达州卡纳维拉尔角,濒临大西洋,地理条件优越。中心包括技术阵地和发射阵地两大部分。在技术阵地建有火箭及卫星、飞船组装检测厂房,特别引人注目的是装配大楼,其容积360万立方米,高160米,楼内备有各种先进的测试仪器和显示、记录设备。发射阵地建在5千米外,拥有发射控制中心和发射台,整个航天中心有23个发射阵地。美国第一颗人造卫星、第一架航天飞机都是从这里启程的。

▼ 肯尼迪航天中心是美国最大的航天发射器发射场,主要用于发射小轨道倾角的航天器。肯尼迪宇航中心有工作区、参观区,两者相距十几千米

★★ 拜科努尔航天发射场 ▶▶

　　俄罗斯拜科努尔航天发射场始建于
1955年,是世界著名的火箭发射场地之一。
该发射场拥有13个发射台,可以发射载人
航天器、大型运载火箭、航天飞机及多种导
弹。世界上第一颗人造卫星和第一艘载人
飞船都是从这里飞上太空的。而"联盟"号
系列载人飞船、"礼炮"号和"和平"号空间
站等也都从这里发射进入太空。冷战结束
后,拜科努尔航天发射场归属哈萨克斯坦,
俄罗斯每年要向哈萨克斯坦支付租金,租用
期至2050年。

▲ 在拜科努尔航天发射场的"联盟"号运载火箭

▲ 2009年7月,"阿里安"—5号运载火
箭在圭亚那库鲁发射场发射时的情景

★★ 库鲁航天发射场 ▶▶

　　法国的库鲁航天发射场是世界近20个航天器发射场
中仅有的两个位于赤道附近的发射场中的一个,而且规
模最大。它位于南美洲东北部沿大西洋海岸的一片狭长
的草原上。库鲁航天发射场于1971年建成后,就成为欧
州太空局开展航天活动的主要场所,著名的"阿里安"运
载火箭就是在这里首发成功的。目前,库鲁航天发射场
独揽了全球一半以上的卫星发射市场。

📖 见微知著　西昌卫星发射中心

　　西昌卫星发射中心是中国四大卫星发射中心
之一,始建于1970年,是以发射地球静止卫星为
主的航天发射基地,主要担负通信、广播、气象卫
星等试验发射和应用发射任务。自1984年中国
第一颗试验通信卫星发射升空以来,西昌卫星发
射中心已成功发射国内外卫星80多次。

▲ 西昌卫星发射中心特种邮票

★★ 酒泉卫星发射中心 ▶▶

　　酒泉卫星发射中心是中国组建最早、规模最大的卫星发射中心,也是中国唯一的载人航
天发射场,主要执行中轨道、低轨道和高倾角轨道的航天器的发射任务。中国第一枚地对地
导弹、第一枚核导弹、"东方红"一号卫星、"神舟"系列飞船都是从这里发射升空的。

航天器的"翅膀"和"眼睛"

鸟是凭借翅膀飞上蓝天的。那么,航天器是如何飞上天的呢? 如果你仔细观察就会发现,航天器也有一双"翅膀",这个"大翅膀"实际上是一种收集太阳能的装置。人类要看到外部世界,需要眼睛的帮助。航天器要想"看"外部世界,也需要眼睛。航天器的眼睛又大又明亮,这些眼睛就是它们观测地球或者宇宙的科学仪器。

什么是"大翅膀"

航天器的"大翅膀"是一种太阳能帆板电池,卫星、宇宙飞船上都安装有这种电池。太阳能帆板电池的基本原理是将太阳能转化为电能,使航天器正常工作。通常,航天器的"大翅膀"都是由几块太阳能帆板组合起来的,外观呈长方形。当航天器在升空阶段时,为避免气流的作用,"大翅膀"通常是折叠起来的。航天器在进入轨道后,它的"大翅膀"才会展开,因此太阳能帆板能否正常展开是航天器飞行中的一个关键动作。

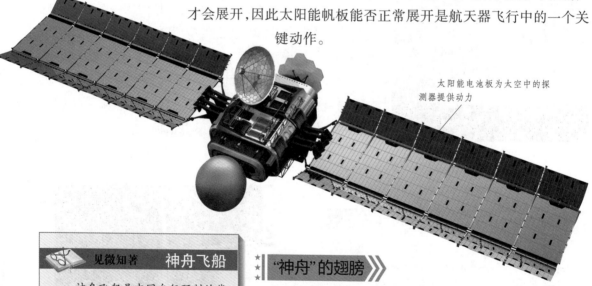

太阳能电池板为太空中的探测器提供动力

见微知著 神舟飞船

神舟飞船是中国自行研制的载人飞船,性能达到了国际先进水平。神舟飞船主要由4部分共13个分系统构成,即返回舱、轨道舱、推进舱和附加段。其中,轨道舱是航天员主要的工作、生活场所。舱内除备有食物、饮水和大小便收集器等生活装置外,还有各种仪器设备。

"神舟"的翅膀

中国的"神舟"系列宇宙飞船都有一大一小两对太阳能帆板,它们是重要能源动力部件,材质为太阳能硅片。神舟飞船与运载火箭在升空阶段,太阳能帆板折叠收藏在整流罩内。进入太空后,神舟飞船与运载火箭分离,逐步进入预定轨道,飞船上的太阳能帆板缓缓展开,就像一个小型发电站,既不停地充电,又不停地为飞船供电。如果在最后阶段,太阳能帆板没能展开,就意味着航天器失去了动力来源而提前报废。

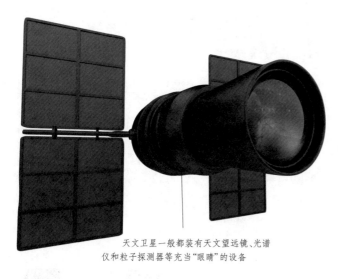

天文卫星一般都装有天文望远镜、光谱仪和粒子探测器等充当"眼睛"的设备

★★ 必不可少的"眼睛"

对很多种航天器来说,"眼睛"是必不可少的,比如资源卫星需要"眼睛"来观测地球,寻找矿产资源。航天器上常用的"眼睛"有红外线探测仪、可见光照相机和摄影机、紫外线探测仪等。这些眼睛可以看见不同的"光线",获取的信息也有差别。在宇宙中,并不是所有的"光"都可以被人类眼睛看见的,于是科学家为航天器装上了特殊的"眼睛"。这些"眼睛"可以接收看不见的辐射信息,并把它们转变为可以让我们看见的图像。

★★ 常见的"眼睛"

1983 年,世界上第一颗红外天文卫星发射成功。这颗卫星是由荷兰、美国和英国联合研制的。它装有一架口径为 0.6 米的红外望远镜,其灵敏度比至今所使用的同类仪器要高得多。多光谱扫描仪是利用多个波段的敏感元件同时对地物扫描成像的遥感器,它不仅工作波段宽,而且各波段的数据容易配准,比其他遥感器更具优势。目前,多光谱扫描仪是光学侦察卫星的主要遥感器。

▶"奥德赛"号火星探测器装备的环境辐射探测器探测出火星表面含有大量的氢原子

★国防科技知识大百科

从地面到天空

火箭发射是一个庞大而复杂的系统过程,必须严格按照预定程序进行。火箭的升空看起来只有短短的几十秒时间,但它的前期准备工作却是漫长而细致的。所有的准备工作完成后,火箭进入发射倒计时,进而升空,最后分离。这个过程看似很简单,却是一场惊心动魄、生死攸关的旅程。历史上,很多航天器在发射后因各种原因而失败。

发射前准备

火箭发射要选择合适的时间,其精度甚至达到分或秒。天气对于火箭发射至关重要。在确定了火箭的发射时间之后,气象保障部门启动气象测量雷达,对天气进行长、中、短期预报。除了外在因素,火箭本身的优劣直接决定发射是否成功。因此,在专用厂房内必须对火箭上的仪器设备进行检查和测试,保证火箭全系统的技术性能和可靠性符合发射要求。检查测试完成后,火箭就要运到发射区,完成安装,并竖立在发射台上,进行最后的检查和测试。

▲"发现"号航天飞机与火箭在技术房完成组装

▲"发现"号航天飞机与火箭在运往发射区的途中

◀"发现"号航天飞机在发射台调整好位置,等待发射

寻根问底

倒计时是怎么来的?

倒数计时的发明来自一部科幻电影。拍摄火箭升空的镜头时,导演弗里兹为了加强影片的戏剧效果,设计了倒数计时的发射程序,即"10,9……3,2,1,发射!"没想到,这一创意得到了火箭专家们的赞许,并一直沿用到今天。

◀由指挥中心向发射场、各测控站、远洋测量船队等统一发出口令:点火!

★★ 地面发射 ▶▶

倒计时完成后，地面控制人员按下点火按钮，发出发射命令后，第一级火箭发动机就开始点火。火箭的一级燃料箱开始燃烧，喷射出炽热的气体，推动火箭离开地面，之后火箭不断加速升空。除了从地面发射，还有空间发射方式。空间发射方式是用航天飞机将航天器投放到预定轨道上，或投放后再利用较小的运载火箭或航天器的变轨发动机将其带到更高的轨道上。

▲ "发现"号航天飞机在投放"哈勃"太空望远镜

▲ 第一级火箭分离

★★ 空中分离 ▶▶

第一级火箭的燃料用尽后，就准备脱离火箭，紧接着第二级火箭点火，由于没有第一级火箭的负重，火箭以更加快的速度继续升空。这时，火箭所处的高度大概是70千米了，已经冲出大气层，达到最高速度。之后，火箭开始依靠惯性和地球引力继续飞行。此时，第三级火箭开始点火加速飞行，直到达到预定速度，进入轨道，火箭的任务就基本完成了。

★★ 姿态控制 ▶▶

进入预定轨道后，航天器开始要进行姿态控制，将携带的各种设备和仪器调整到最佳角度，对准各自特定的目标，使航天器做到"耳聪目明"。早期的航天器通常采用简单易行的被动式姿态稳定方式，如自旋稳定，利用飞行器绕其自转轴自旋产生陀螺定轴性，来调整姿态。现今的航天器大多采用主动姿态控制。主动姿态控制系统会根据姿态误差（测量值与标称值之差）形成控制指令，产生控制力矩来实现姿态控制。

▶ 航天器飞临空间站时，调整好姿态，准备与空间站对接

变轨与对接

受运载火箭发射能力的局限,航天器往往不能直接由火箭送入最终运行的空间轨道,而是要在一个椭圆轨道上先行过渡,再选择合适时机通过发动机提供一定的推力改变航天器的运行速度和运行轨道。这就是所谓的变轨。空间站的存在让人们可以长时间在太空中工作,但货物是需要定期补充的。这就需要载人飞船等航天器和空间站进行对接,进而完成货物的补充。

变轨技术

卫星轨道是椭圆形的。为节省发射火箭燃料,可以先将卫星发射到大椭圆形的轨道。当卫星处于远地点的时候,卫星上的姿态调整火箭点火,就可以将卫星的轨道变成需要的高度。当然,变轨过程是十分复杂的,尤其是多次变轨,需要地面控制人员精确计算卫星变轨的时间和姿态调整火箭提供的推力。

▲ 卫星变轨前启用自身携带的火箭,对姿态进行调整

轨道控制

推进系统产生的反作用推力、客观存在的外力(如地球引力、气动力、太阳辐射压力及其他行星的引力等)都会影响航天器变轨的成败。因此,轨道控制十分重要。常见的轨道控制有两类:一类是轨道转移,它涉及较大的轨道变化,例如在发射静止卫星时由停泊轨道向大椭圆的过渡轨道转移;另一类是轨道调整或轨道保持,它主要是为了消除轨道偏差。

"嫦娥"一号变轨

"嫦娥"一号卫星在进入最终轨道之前,共进行了4次变轨。2007年10月25日,"嫦娥"一号第一次点火实施变轨,将卫星近地点高度抬升至600千米。从2007年10月26日开始,卫星在近地点实施3次变轨,目的都是为卫星加速,使卫星的速度达到大约11千米/秒以上,最后顺利进入地月转移轨道,正式踏上奔月的征程。

★★交会对接▶▶

载人飞船等航天器的交会对接是一项重要的航天技术。它可以用于向正在空间轨道运行的航天器运送人员和货物、在轨道上为其他应用卫星提供服务、组装大型空间站、维修在轨道上出事故的航天器等。当受控航天器距目标航天器 300 米以内时，即实现交会。从两个航天器对接轴对准开始，到对接装置开始运作为止，即为停靠阶段，这时发动机要立即关闭。至此，整个交会对接过程完成。

▲ 美国"亚特兰蒂斯"号航天飞机与俄罗斯"和平"号空间站首次成功对接后，在"和平"号空间站停靠时的照片

★聚焦历史★

1975 年 7 月 18 日，美国"阿波罗"号飞船与苏联"联盟"号飞船在大西洋上空对接成功。在此之前，苏联和美国各自实施了本国飞船间的对接。例如，1965 年，美国"双子星座"7 号和 6 号飞船实现了世界上第一次太空交会对接。

★★对接过程▶▶

航天器实施交会对接是非常复杂的，整个过程可分为地面引导、自动寻找、交会、停靠和对接 5 个阶段。当一方航天器进入另一方的轨道后，将进行轨道机动，直到受控航天器上的特定装置捕获另一航天器为止，然后受控航天器对目标航天器进行瞄准，测量两个航天器的相互距离和相对速度。

▼美国"阿波罗"号飞船与俄罗期"联盟"号飞船准备对接

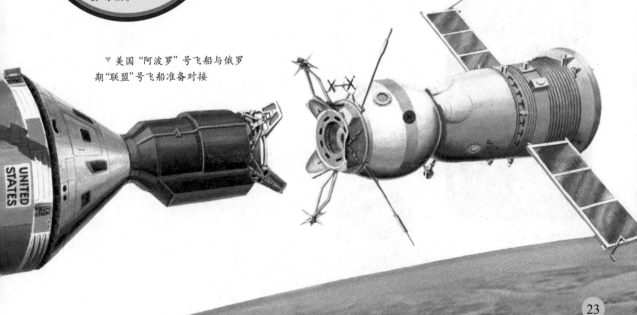

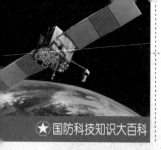

★ 国防科技知识大百科

与航天器通信

当航天器在茫茫太空中遨游时,地面上的工作人员需要随时知道航天器的状况,就必须及时有效地与航天器取得联系。这时,航天器上的通信系统就发挥着巨大的作用。通过航天器的通信系统,人们可以了解到直观的飞行状况,而对于载人飞船来说,良好的通信系统能将宇航员在太空中的详细状况展示给地面的工作人员,让人们知道他们的状态。

★★ 通信系统 ▶▶

通信系统是用来完成信息传输的技术系统的总称。现代通信系统主要借助电磁波在自由空间的传播或在导引媒体中的传输机理来实现,前者称为无线通信系统,后者称为有线通信系统。航天器的通信系统主要为无线通信系统,指的就是获取、传输航天器与地面之间的视觉和语音信息的系统,包括获取载人飞船舱内、舱外的环境图像和宇航员的生活图像,宇航员与地面指挥控制人员的通话语音,地面向宇航员播放的电视节目等。

▲ 尼克松总统与宇航员进行通话

▲ 美国总统奥巴马和国际空间站的宇航员进行通话

★★ 语音通信 ▶▶

语音通信是载人飞船的一个基本要求。语音通信建立了地面通信人员与宇航员之间的直接联系。通过语音通信,地面人员可以及时、准确地获得航天员目前的状况,并向他们发送行动指令,以完成太空飞行任务。

见微知著 | 数字式语音传输

数字式语音传输是用数字信号作为载体来传输消息,或用数字信号对载波进行数字调制后再传输的通信方式,具有话音清晰度高、抗干扰能力强、保密性好、可与其他航天器信息共用信道的特点。目前,航天器上多采用这种传输方式。

图像信息传输

　　早期的载人飞船，多采用模拟信号传送图像，虽然技术简单，但是传送的图像质量却不尽如人意。随着图像传输技术的发展，图像的质量越来越高。地面人员可以从飞船发送的电视图像，对航天员的状态进行直接监视。而且在进行交会对接时，电视图像可使航天员和地面对飞船与目标之间的相对运动过程有直观的了解，从而进行有效的控制。另外，传输的电视图像还可以用于宣传报道、对不测事件的监视和飞行文献的编辑等。

▲ 早期的阿波罗宇航员在月球上的画面影像模糊不清

短波通信系统

　　现今的信息传输技术虽然先进，但为了以防万一，人们选择了短波作为其他通信系统的备份手段。短波在电离层传播的折射特性和超视距通信的特点，能扩大通信覆盖范围。早在 1957 年，短波通信就已经应用到航天器上了。苏联发射的第一颗人造地球卫星和第一艘载人宇宙飞船就使用了短波通信。中国于 1970 年发射的"东方红"一号也是用短波频段向地面发射《东方红》乐曲的。

▲ 宇航员与地面上的人员进行图像通信

返回地球

载人航天器不仅要把宇航员送上太空,而且在其完成指定任务后要把宇航员安全地送回地面。因为在现在的技术条件下,人类还不能在地球外的环境中长期生存。但是载人航天器的飞行速度十分惊人,怎样才能保证航天器返回和着陆时的安全呢?另外,它们在返回途中会遇到很多的障碍和困难。看来,要成功地返回并不是一件容易的事。

轨道改变

当航天器要返回地球时,在地面指令下,航天器更改自己的轨道,以预定角度进入返回轨道。航天器首先会自动将运行姿态准确地调整为返回的姿态,然后在这样的姿态下保持稳定的运行,最后开动制动火箭发动机,产生反向推动力,从而降低航天器运行的速度,使其脱离原来运行的轨道,进入预定的返回轨道,逐渐过渡到进入大气的轨道。

▲ 航天飞机返回地球进入大气层时,调整姿态,让腹部向前,利用大气阻力减速

"阿波罗"号返回舱穿越黑障区想象图

▲ "哥伦比亚"号航天飞机在跑道上滑跑

穿越黑障区

当航天器进入大气轨道时,因为与大气剧烈摩擦,表面会形成几千摄氏度的高温区。同时,气体和航天器表面材料被分解和电离的分子,会在航天器外面形成一个等离子鞘,使航天器与外界的无线电通信中断,这种现象称为黑障,产生黑障的区间称为黑障区。为了防止航天器因过热而烧毁,会在其外部覆盖一层防热材料。这种材料在高温时会熔融蒸发或分解气化,把热量带走。

★★★ 软着陆 ▷▷▷

　　航天器返回地面时，速度非常快。如果直接落地，航天器会因为撞击而变成碎片。于是，航天器安全返回地面的软着陆就成为了最佳的着陆手段。因此，可靠的降落伞系统对航天器安全返回地面就显得十分重要了。可靠的降落伞系统能使航天器在接近地面的较低高空中减速，并以很低的速度着落，保证航天器完好无损地返回地面。

▲ "阿波罗" 13 号返回舱软
着陆于海上

▷ 海上搜救队成功打捞
降落在海面上的航天器

★★★ 聚焦历史 ★★★

　　2003 年 5 月 4 日，俄罗斯 "联盟" TMA1 载人飞船返航降落时，偏离预定降落地点 460 千米，并与莫斯科的地面控制中心失去联系长达两个小时。所幸，飞船上 3 名宇航员安然无恙。

★★★ 着陆和寻找 ▷▷▷

　　航天器从天而降，并不是想在哪里着陆就能在哪里着陆的，它必须降落在事先预定好的着陆场上。着陆场要便于使用本国的航天测控与通信网，要有足够大的场地面积，以适应较大落点偏差的情况，而且气候条件要好，不能有大风或者是雷雨天气。即便航天器落在着陆场，在面积非常大的着陆场找到它也是不容易的。因此，地面人员必须按时、准确地预报及测量航天器降落的位置，以便回收区的工作人员尽快发现着陆的航天器。

▽ 航天飞机可以像普通飞机一样，利用滑翔
降落在地面

宇宙飞船

　　宇宙飞船是一种比较常见的航天工具，具有体积小、重量轻的特点，主要的任务是接送太空中的工作人员，以及给空间站运送物资等。俄罗斯和美国是发射宇宙飞船最多的国家。俄罗斯发射过"东方"号、"上升"号和"联盟号"飞船，而美国发射了"水星"号、"双子星座"号、"阿波罗"号等载人飞船。中国从1999年至今，发射了10艘"神舟"系列宇宙飞船。

★ 分类与结构

　　目前，人们先后共研制出三种宇宙飞船，即单舱型、双舱型和三舱型。其中，单舱式最为简单，只有宇航员的座舱。双舱型飞船较为复杂，由座舱和提供动力、电源、氧气和水的服务舱组成，例如苏联的"东方"号飞船。三舱型飞船最为复杂，它是在双舱型的基础上增加1个轨道舱（卫星或飞船）或1个登月舱，用于增加活动空间、进行科学实验、在月面着陆或离开月面等。俄罗斯的"联盟"系列和美国的"阿波罗"号飞船是典型的三舱型。

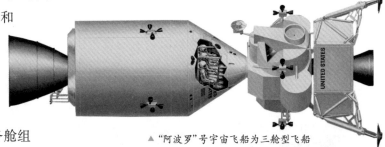

▲ "阿波罗"号宇宙飞船为三舱型飞船

▶ "双子星"号飞船为双舱型

▶ "水星"号宇宙飞船为单舱型

★ 中国的宇宙飞船

　　1999年11月20日，中国第一艘宇宙飞船——"神舟"一号在酒泉卫星发射中心由新型"长征"运载火箭发射升空，次日在内蒙古自治区中部地区成功着陆。从此，中国的宇宙飞船技术踏上了"神舟"之旅。2003年，"神舟"五号成功升空，实现了中国的载人航天梦。中国宇航员杨利伟成为中国第一个进入太空的宇航员，他与"神舟"五号一起在太空中度过了22个小时。2013年6月11日，"神舟"十号飞入太空，和目标飞行器"天宫"一号完成了对接。

▲ "神舟"飞船模型

★★★ 美国的宇宙飞船 》》》

　　1961 年 5 月，美国第一艘宇宙飞船"水星"号飞入太空，主要目的是试验飞船各种工程系统的性能，考察失重环境对人体的影响、人在失重环境中的工作能力以及对发射和返回过程中遇到超重的忍耐力等。"阿波罗"号飞船是美国实施载人登月计划的航天器。这架飞船由指令舱、服务舱和登月舱三部分组成。1963 年，美国启动"阿波罗"登月计划。从 1969 年到 1972 年，美国 7 次发射"阿波罗"号载人飞船，5 次成功，共有 12 名宇航员登上月球。

◀"水星"飞船和它的逃逸塔系统

◀"阿波罗"号宇宙飞船

▲"联盟"TM 宇宙飞船

★★★ 俄罗斯的宇宙飞船 》》》

　　1961 年 4 月 12 日，"东方"号宇宙飞船承载着第一位宇航员飞入太空。这是一艘能够自动驾驶的宇宙飞船。它的"乘客"就是著名的苏联太空人加加林。"联盟"TM 飞船是俄罗斯目前的主力军，主要是对飞船的对接系统、通信系统、推进系统、应急救生系统和降落伞系统等进行了改良，其主要任务是把航天员送入"和平"号空间站，等航天员完成任务后再把航天员送回地面。

▲"东方"号宇宙飞船

★聚焦历史★

　　2005 年 10 月 12 日，中国将"神舟"六号载人飞船送入太空。它承载着费俊龙、聂海胜两名中国宇航员在太空中运行了 115 个小时。两人在太空中还进行了多项科学实验，为中国航天事业做出了杰出的贡献。

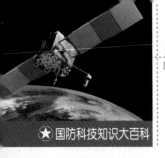

★国防科技知识大百科

航天飞机

　　飞机都是在大气层内飞行的,但是有一种飞机喜欢在太空飞行。它们的工作是运载探索太空的宇航员往来于地面和太空,它们就是航天飞机。航天飞机结合了飞机和航天器的特质,可重复使用,既能把航天器送入太空,也能在轨道上运行,还能像飞机那样在大气层中滑翔着陆。机上设有密封舱和生命保障设备,因此它们也具有载人航天器的功能。

★ 组成部分 ▶▶

　　航天飞机是一种垂直起飞、水平降落的载人航天器,以火箭发动机为动力发射到太空。航天飞机由三大部分组成,分别是轨道飞行器、外挂燃料箱和固体火箭助推器。其中,轨道飞行器也就是飞行舱(包括中舱、货仓、气闸舱等)最为重要。飞行舱既是驾驶轨道器的地方,也是使用机械手臂对有效荷载进行操作的地方。舱内有众多的飞行仪器仪表和控制装置。飞行舱内有4个座椅,可以乘坐指令长和驾驶员等4名航天员。

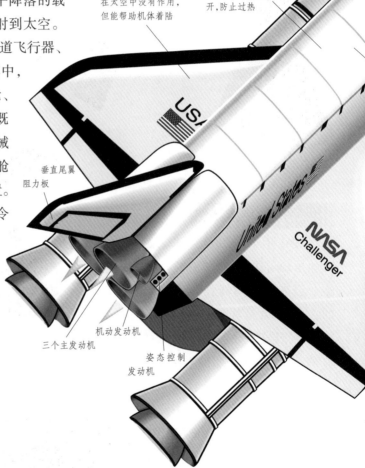

向后伸的尾翼在太空中没有作用,但能帮助机体着陆

货舱门在轨道飞行器进入近地轨道后被打开,防止过热

垂直尾翼阻力板

三个主发动机

机动发动机

姿态控制发动机

▲ 航天飞机的驾驶舱

★ 中舱 ▶▶

　　中舱是飞行舱的一部分,是航天员生活的地方。这里安放了宇航员生活所必需的所有设施,主要有厨房、就餐设备、卫生间、睡眠设备和锻炼设备等。在中舱与货舱之间有一个气闸舱,这里是宇航员进出货舱的地方。

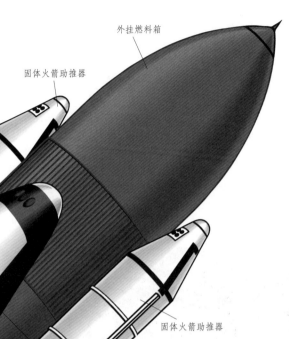

外挂燃料箱

固体火箭助推器

固体火箭助推器

飞行舱

轨道飞行器

★★ 货舱 ▶▶

货舱就是用来装载货物的，它的上部有两扇巨大的舱门。在飞行过程中，它们是关闭的。在进入太空后，它们被开启，方便有效荷载的操作、航天员出舱活动和轨道器散热。在货舱的侧面，有一个遥控机械手臂，用来完成释放或者回收有效荷载，支持航天员的舱外活动等工作。

▶ 航天飞机利用机械手臂释放卫星

★★ 外挂燃料箱 ▶▶

外挂燃料箱是专为轨道飞行器上 3 台主发动机提供推进剂的储箱。它本身不携带发动机，故称为外部推进剂储箱。外部推进剂储箱是航天飞机上唯一只能使用一次的部件。当航天飞机进入轨道时，它就被抛弃，落入大气层中烧毁。

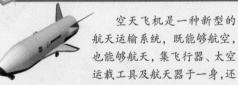

见微知著　　空天飞机

空天飞机是一种新型的航天运输系统，既能够航空，也能够航天，集飞行器、太空运载工具及航天器于一身，还可以作为载人航天器。这种系统还在研究发展阶段，很多国家都投入了研究，美国最先研制成功，并在 2010 年进行了首次飞行测试。

▲ 被丢弃的外挂燃料箱从空中飘落

★★ 航天飞机的由来 ▶▶

1969 年 4 月，美国宇航局提出建造一种可重复使用的航天运载工具的计划。1972 年 1 月，美国正式把研制航天飞机空间运输系统列入计划，确定了航天飞机的设计方案，即由可回收重复使用的固体火箭助推器、不回收的两个外挂燃料箱和可以多次使用的轨道器三部分组成。1977 年 2 月，第一架航天飞机"企业"号诞生。这架长 50 多米的飞机一次可供 10 名宇航员乘坐，最大运货能力为 25 吨。

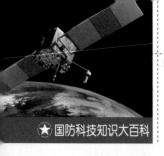

★国防科技知识大百科

空 间 站

随着航天事业的发展，在太空中的短期停留已不能满足人类研究的需要。于是，人类在空间轨道上建立起了"新居所"，这就是空间站。空间站可以提供人类长期在太空工作、生活的空间，它就像是研究人员在太空中的家，拉近人类与宇宙的距离。在空间站的研究和开发中，俄罗斯可谓一马当先，在太空中"放响"了"礼炮"，又再次将"和平"送上了太空。

空间站的组成

空间站作为宇航员在太空中长期工作和生活的地方，一般有数百立方米的空间，包括过渡舱、对接舱、工作舱、服务舱和生活舱等。过渡舱又称"气闸舱"，是宇航员进出空间站的必经通道，气压始终保持与空间站内气压一致。对接舱是其他载人飞船和航天器的停靠码头，一些必要的物资补给都是从这里运送进来的。工作舱是宇航员进行太空工作的场所。生活舱则提供给宇航员舒适的生活环境。

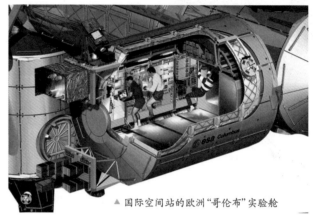

▲ 国际空间站的欧洲"哥伦布"实验舱

▲ 充气式太空居住舱

★聚焦历史★

2011 年 9 月 29 日，中国第一个目标飞行器和空间实验室"天宫"一号顺利升空。"天宫"一号全长 10.4 米，最大直径 3.35 米，由实验舱和资源舱构成。同年 11 月 3 日，"天宫"一号与"神舟"八号实现对接。

分层设计

工作舱和生活舱被设计为上、下两层结构，两舱仅靠一个圆洞连接。在太空失重环境下，不需要楼梯的设计，宇航员只需穿过这个圆洞就可以自由地来往于两舱。工作舱内安放了许多科学仪器和实验设备，生活舱则是生活设施齐全的空间。在这里，宇航员只需轻轻一跳或者轻轻一推，就可以轻松地"上下班"。

★★★ 太空中的"礼炮" ▶▶▶

　　1971 年 4 月 19 日,苏联发射了"礼炮"1 号空间站。"礼炮"号空间站上安装有许多仪器和设备,它们为苏联提供大量在地面上无法获得的军事情报。1973 年 4 月 3 日发射的"礼炮"2 号空间站,装备了当时最完善的防御系统,被称作太空"飞行堡垒",但是它最后莫名其妙地与地面失去了联系。直到 1982 年,苏联共发射了 7 座"礼炮"空间站。

▲ "礼炮"1 号空间站

★★★ 畅想"和平" ▶▶▶

　　继"礼炮"号之后,苏联于 1986 年 2 月 20 日发射了第三代空间站"和平"号。"和平"号长 13.13 米,重量为 20.4 吨,最大直径 4.2 米,由工作舱、过渡舱和非密封舱三部分组成,6 个对接舱口可以实现与 6 艘飞船同时对接,对接能力大大提高。"和平"号主要用于太空探测实验, 例如宇航员可以制造出一些地面无法制造的药物和性能更好的材料。

▲ "和平"号空间站

▲ 国际空间站

★★★ 国际空间站 ▶▶▶

　　国际空间站是人类航天史上首次多国合作完成的空间工程,参与的有美国、俄罗斯、日本、加拿大、巴西和欧洲航天局的 11 个成员国共 16 个国家。国际空间站体积庞大,内部结构复杂,由 6 个实验舱、1 个居住舱、2 个连接舱、服务系统及运输系统等组成,可同时承载 6 人进行太空工作。

走出地球的宇航员

人类的航天史上，很多宇航员做出了卓越的贡献。在广袤的太空中，他们留下了人类的足迹，圆满完成了任务，为人类的航天事业做出了巨大的贡献，是人们心中的英雄。宇航员是太空中的工作者，也是人类最早进入太空的旅行者，主要负责各种航天器的驾驶、维修和管理，以及在航天过程中的生产、科研和军事等工作。太空中环境恶劣，所以对宇航员的身体和心理素质要求极高。

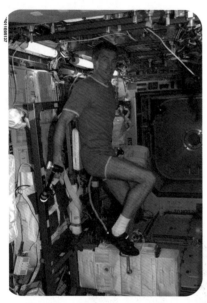

▲宇航员在太空狭小的空间中锻炼身体

★★ 具备的素质 ▶▶

想要在严酷恶劣的环境中生存，身体素质一定要高。因此，宇航员必须具备过人的身体素质，只有这样才能很好地适应太空特殊的环境。一名合格的宇航员会经过特殊的体能训练，这种训练的方法和强度一般人都很难承受。另外，就是心理素质。宇航员长期在狭小的舱内工作，远离亲人、朋友，工作又具有一定的危险性，因此他们必须要有适应寂寞、消除紧张和排解无聊的能力。

★★ 选拔和训练 ▶▶

宇航员的选拔过程是非常严格和严谨的。首先，从医学的角度出发，对候选人的身体状况作检查，看其是否符合标准；其次是书面选拔，主要考虑年龄、身高、体重等一些基本条件；最后是心理和适应能力的考核。经过层层选拔并不意味着就可以成为一名合格的宇航员。职业的宇航员一般还要经过3~4年的特殊训练。高强度的体能训练能提高宇航员的身体素质、运动协调性和情绪的稳定性等。而超重训练、失重训练和低压训练等就成为宇航员必须经过的"考验"。

▲ 宇航员在失重环境中进行训练

★☆☆ 太空第一人 ▶▶▶

人类历史上第一位航天员是苏联的尤里·加加林。1961年4月12日,他乘坐"东方"号宇宙飞船飞入太空,在人类航天史上立下了一座永恒的里程碑。"东方"号在太空中飞行了1小时48分钟后,安全返回地球。这次太空飞行之后,加加林积极参加训练其他宇航员的工作,1963年12月荣升为宇航员训练中心副主任。后来,加加林荣获了列宁勋章,并被授予"苏联英雄"和"苏联宇航员"称号。1968年3月27日,因飞机失事,加加林不幸逝世。

▲ 加加林

▲ 杰瑞·罗斯在太空

▲ 格尔曼·季托夫返回地球时受到人们的拥戴

★聚焦历史★

1963年6月16日,苏联的捷列什科娃乘坐"东方"6号飞船在太空飞行了近3天,环绕地球48周,成为世界上第一位女航天员。2012年6月16日,"神舟"九号宇宙飞船顺利升空,航天员刘洋进入太空,成为中国第一位女航天员。

▶ 瓦·波利亚科夫

▶ 77岁高龄的约翰·H.格林

★☆☆ 宇航之最 ▶▶▶

美国的杰瑞·罗斯的太空飞行次数累计达到了7次,是世界上飞天次数最多的宇航员。在太空中连续飞行438天的纪录,由俄罗斯宇航员瓦·波利亚科夫创下,他因此成为世界上在太空中连续飞行时间最长的宇航员。苏联的格尔曼·季托夫,首次进入太空时才25岁,是世界上最年轻的宇航员。最年长的宇航员是美国的约翰·格林,他在77岁高龄时执行了9天的飞行任务。

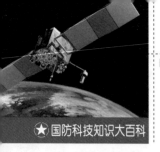

太空环境

太空有着真空、低温、辐射极强的严酷环境。地球上 99.9% 的空气都集中在距离地面 50 千米以下的地方。越过这个高度后，空气就减少了。因此，太空是超高真空空间。而且，宇宙的温度很低，大约在零下 270℃。在这样的温度下，许多仪器都无法正常工作。另外，太空中还存在大量穿透性极强的"宇宙射线"，它由大量的高能粒子组成，会持续不断地"轰击"人类居住的地球。

★★ 高真空环境 ▶▶▶

由于地球引力的变化，大气密度和大气压力会随着高度的增加而逐渐降低。载人航天器通常运行在 300~400 千米高度，这里的大气密度只有地面大气的 $1/10^{11}$。而 100 千米高度的大气压力，只有地面上大气压力的 $1/10^6$。太空中存在着许多气体分子，大部分飘在宇宙空间中，但宇宙中的物质依旧很少。以氢原子为例，在太空中，每立方厘米平均只有 0.1 个氢原子。由此可见，太空是一个高真空环境。

▲ 由于宇宙中没有空气，所以不能像地球上那样看到繁星点点

◀ 宇航服可以保障宇航员能在宇宙极端的环境中正常工作

★★ 寒冷的太空 ▶▶▶

太空本身并没有温度，它所表现出来的只是在太空中物体的温度。研究证明，太空的平均温度为 −270.3℃。而且，行星距离恒星的距离越远，它自身的温度就会越低，比如冥王星的表面温度就比地球表面温度低。不过，有一些行星内部还会保留一些热量。这些热量从行星内部向外慢慢传播，使行星的表面温度比宇宙背景温度稍微高一些。由于航天器在太空真空中飞行，没有空气传热和散热，所以背阴一面温度可低至 −100~−200℃。

★★★ 辐射极强 ▶▶▶

在太空中，各种天体向外辐射电磁波和高能粒子，形成宇宙射线。例如，人们把太阳上发生耀斑时所发射出的高能带电粒子流称为太阳粒子辐射，将它辐射出的射电波、红外光、可见光、紫外光和X射线等统称为电磁辐射。由此可见，太空还是一个强辐射环境。高强度的宇宙射线能破坏地球的臭氧层，导致地球环境的放射性增强，物种变异乃至灭绝。

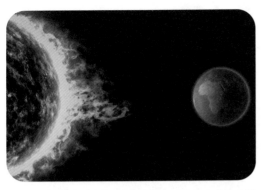

▲ 地球所接受到的太阳辐射能量仅为太阳向宇宙空间放射的总辐射能量的 $1/(2\times10^9)$

★★★ 失重的空间 ▶▶▶

航天器冲破大气层，来到太空中时，人类就会处于一种微重力的环境中，也就是常说的"失重"状态。此时，航天器内的物体和人都会失去地心引力的作用而漂浮起来，一切都失去了在地球上的重量。即使把一个铅球放在水面上，它都不会下沉。人体内的血液在重力的作用下会自动向下流。在微重力环境中，血液就会在人体的上部聚集，而导致下肢缺血。所以在太空中，人会显得脸部胖大而下肢较细。

见微知著　　绝对零度

绝对零度即绝对温标的开始，是温度的极限，相当于−273.15℃。当达到这一温度时，所有的原子和分子热量运动都将停止，这是一个只能逼近而不能达到的最低温度。目前，人们已得到了距绝对零度只差 $1/(3\times10^7)$℃的低温。

▼ 在宇宙失重环境中，水果漂浮在了空中

太空垃圾

太空垃圾并不是指太空中原本存在的尘埃或者陨石等,而是指人类在探索宇宙的时候,给太空留下的废弃物。这些废弃物有废弃的卫星、火箭的末级、整流罩的零件、螺栓、垫圈儿、各种各样的金属块儿和脱落的涂料,也有宇航员抛撒的各种废弃物,还有火箭爆炸、卫星相撞炸成的碎片。这些太空垃圾已经形成了环绕带,围绕地球运动。目前,轨道上运行的物体中90%都是太空垃圾。

★★★ 太空垃圾的危害 ▷▷

20世纪60年代以前,几乎没有物体从太空中坠落,但从1973年开始,每年都至少有数百块太空垃圾坠落地球,特别是1995年之后,坠落的太空垃圾数量急剧上升。这些不速之客大多数是受到地球引力的作用重新回到地球的。虽然它们中的大部分经过大气层时燃烧殆尽了,但少数到达地面的垃圾还是给人们带来恐慌和灾难。幸亏,目前还没有大型的太空垃圾坠向地球。试想一下,如果大型太空垃圾降落到大城市,那会产生怎样可怕的后果。

▲ 太空垃圾主要集中在地球静止轨道上和近地轨道上

★★★ 太空垃圾的数量 ▷▷

对于太空垃圾的数量,很多人做出过估算。太空中的航天器爆炸事件已经发生了几十起,其中绝大部分是苏联、美国等国进行的反卫星武器爆炸试验和火箭在太空轨道上爆炸。另外,大量废弃的卫星、火箭残骸等也不断增加太空垃圾的数量。目前,太空的垃圾已经超过70 000吨,其中能给人类的太空活动带来危险的垃圾已有数百万个,而且数量呈快速增长之势。

▲ 废弃的卫星碎片给航天活动带来交通隐患

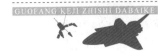

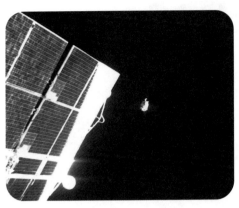

▲ 宇航员在舱外活动时丢失的工具包正在离飞船远去,这又将成为一件太空垃圾

★★★ 巨大杀伤力 ▶▶▶

目前,人类已经发射了 4 000 多枚运载火箭,其中大部分留在了太空,作为垃圾碎块环绕地球疾速飞行。这些物体的运行速度大都在 20 000 千米/时以上,即使直径只有 1 厘米,也可以击穿任何一个航天飞行器的外壳。因为它们的速度实在是太快了,发生碰撞时,可以释放出极大的能量。例如,1965 年,美国人第一次太空行走时,宇航员丢失的一只手套正在离地 28 000 千米的轨道上高速运行,随时都有可能与太空飞行器相撞。

▲ 美国空间站"天空实验室"结束使命后,坠入大气层时烧毁,成为最引人注目的太空垃圾

★聚焦历史★

2013 年,来自中国卫星上的一个仅重 0.8 克的碎片,使得俄罗斯的飞船偏离了航线。2014 年 4 月 3 日,国际空间站为躲避一块火箭残骸调整了空间站的飞行轨道,这也是近 3 周内国际空间站第二次躲避太空垃圾。

★★★ 自我繁殖 ▶▶▶

距离地面 36 000 千米的地球同步卫星轨道是太空垃圾污染最严重的空间。通信卫星大多位于这个轨道,损失任何一颗都会带来巨大问题。距地面 2 000 千米的近地轨道的情况也不容乐观。即使不再发射任何航天器,现有航天器老化、报废和毁坏也会导致太空垃圾"自我繁殖"。设想一下,有一天近地轨道上的垃圾实在太多了,以至于人造卫星和航天器经常被撞击,由此产生更多的太空垃圾。最后,发射新的太空器都几近不可能,因为一发射上去就会被撞坏。

▲ 2009 年 2 月 10 日,美国铱星 33 与俄罗斯已报废的宇宙 2251 卫星猛烈相撞,随之产生 2 100 块碎片。这些碎片可能存在上万年,对近地轨道上其他卫星造成严重威胁

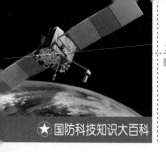

在太空生活

在太空环境中，宇航员的生活和地球上大有不同。在失重环境下，一切物体都处于漂浮不定的状态。一些平时很容易完成的事，在太空中却难以完成。于是，科学家对宇航员的饮食起居进行了特殊的设计，确保他们能顺利地完成太空航行任务。另外，科学家还特别设计和安装了"生命保障系统"，使其环境尽量接近于人类生活的地球，确保宇航员能够健康地在太空中生活和工作。

太空中饮食

在太空中，为了保证宇航员的营养，太空食品都经过特殊的设计。在失重情况下，食物在食用过程中产生的碎屑会漂浮在舱内，污染舱内环境。所以，早期人们发明了"牙膏式"食品，可以将糊状的食物挤入口中。现代的太空食品种类很多，有复水食品、天然食品、热稳定食品等。这些食品的营养价值比较高，而且搭配得非常科学。

▲ 早期俄罗斯宇航员食用牙膏状食物

▼ 随着科技的发展，宇航员的食品种类越来越丰富、美味

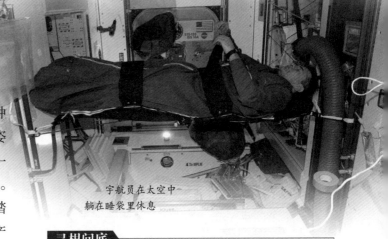

★★★ 太空中睡觉 ▶▶▶

　　宇航员在太空中睡觉的确是一种"糊涂觉"，其表现是黑白不分和睡姿奇异。因为没有地心引力，宇航员一躺就会飘起来，没有躺在床上的感觉。宇航员在飘忽不定的状态睡得很不踏实，一旦从飘浮的睡眠中醒来，便会产生掉进万丈深渊的感觉。于是，人们设计了睡袋、睡铺或者睡眠间。它们都有特殊的束缚装置，可以将宇航员的身体、头部与支撑垫和枕头贴紧，让宇航员有类似于在地球上睡觉的感觉。

宇航员在太空中
躺在睡袋里休息

寻根问底

为什么宇航员在太空中要坚持锻炼？

　　习惯了地球环境的人类到了太空之后，身体的各种功能和机能都会受到影响，所以宇航员到了太空中也要坚持锻炼。拉力器、自行车、跑步器等锻炼器材，能帮助宇航员平衡全身的体液循环，防止在失重状态下腿部肌肉出现损坏。

★★★ 卫生保健 ▶▶▶

　　在太空中生活，卫生保健比较麻烦。人们用抽吸泵解决了上厕所的问题。由于在太空中不可能有很多的水供给宇航员冲洗头发，所以宇航员使用的洗发液是特制免冲型的。电动剃须刀可在太空中直接使用。至于刷牙，短期飞行可用口香糖代替，长期飞行有专门的电动牙刷和宇宙牙膏。宇航员的浴室是一个像睡袋一样的装置。洗澡时，袋内有清水和浴液射出，洗完澡，袋子下的抽风机能把脏水抽走。

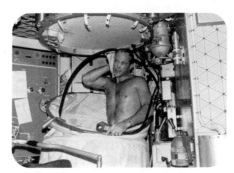

▲ 太空洗澡

★★★ 生命保障系统 ▶▶▶

　　生命保障系统为宇航员提供了类似地球的环境。氧气是人类生存所必需的。短期载人航天器中，氧气多储存在高压气罐中，气体经减压后输入座舱。长期载人航天器多装备了能够产生氧气的设备，用电解水的方法生产氧气。航天器中温度和湿度的控制是在同一时间进行的。在热交换器中，冷空气形成的同时，空气中的多余湿气就会凝结成水，从而保证了舱内适宜的温度和湿度。

◀ 国际空间站服务舱里产生氧气的设备，它的原理是通过电解水产生氧气

飞向宇宙的使者

从古至今,人们从未停止对宇宙的探索,特别是进入航天时代,探索的脚步更加快了。人类利用各种火箭、卫星、探测器、宇宙飞船等航天工具,将"飞向"宇宙从一个梦想转变成现实。人们想要了解地球的"兄弟姐妹",想要了解更深的宇宙空间,于是向火星、金星、木星等星球发射了探测器,进一步了解那里的环境,希望将来有机会能一睹它们的风采。

★★ 访问水星 ▶▶

2004年8月,"信使"号水星探测器在美国顺利升空。2011年3月,在飞行79亿千米后,"信使"号进入预定轨道,对水星进行为期1年的探测工作。"信使"号传回了大量水星照片,证实了水星上点缀着古代留下的火山。2015年4月30日,"信使"号将以撞击水星的方式,结束其探测使命,在水星北极附近留下一个篮球场大小的撞击坑。

▲ "信使"号水星探测器

★★ 拜访金星 ▶▶

"金星"1号是第一颗金星探测器,于1961年由苏联发射。从1962年开始,美国先后发射了10个"水手"号金星探测器。其中的"水手"10号不但对金星进行了探测,而且还3次飞跃水星。1989年5月5日,"麦哲伦"号金星探测器被送上太空。经过462天的太空飞行,"麦哲伦"号终于飞临金星。

▼ "水手"10号探测器

★ 登陆火星 ►►►

1992 年 9 月 25 日，美国的"火星观察者"号探测器发射成功。1997 年 7 月 4 日，"火星拓荒者"号降落在了火星表面，搜集了火星表面的数据，拍摄了火星照片并且将其传回地球。"火星拓荒者"的成功登陆，也为日后登陆太空船和探测车的设计做出了重要贡献。2004 年 1 月 4 日，"勇气"号火星车在火星成功着陆，开始进行探测。"勇气"号第一次找到火星上有水存在的证据。

▼ "勇气"号火星车

★ 揭秘木星 ►►►

▲ "先驱者"10 号探测器

"先驱者" 10 号是美国研制的木星探测器。它探测到木星规模宏大的磁层，研究了木星大气，送回 300 多幅彩色电视图像。"旅行者" 1 号探测器发射升空后，探测了木星和 4 个"伽利略"卫星以及木卫五。1995 年 12 月 7 日，"伽利略"号进入绕木星飞行的轨道，开始对木星探测。

★ 探测土星 ►►►

1977 年，"旅行者" 1 号发射升空，发现了 3 颗新的土星小卫星。"旅行者" 2 号升空后，探测到土星表面寒冷多风，北半球高纬度地带有强大而稳定的风暴。2004 年 7 月 1 日，"卡西尼"号探测器进入环绕土星转动的轨道，探测了土星和它的卫星，并发现土卫六上存在液体海洋。2005 年，"惠更斯"号成功登陆土卫六，揭开了土卫六的神秘面纱。

"卡西尼"号探测器飞临木星想象图

★ 聚焦历史

1989 年，"旅行者" 2 号在距海王星 4 827 千米的最近点与海王星相会，它发现了海王星的 6 颗新卫星。另外，从"旅行者" 2 号拍摄的照片中发现，海王星南极周围有两条宽约 4 345 千米的巨大黑色风云带。

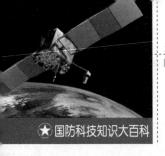

★国防科技知识大百科

探索月球

人类仰望夜空就能看见明亮的月亮，借助天文望远镜就能观察到月球一些细节。但这些并不能满足人类对月球的好奇心，人类想有朝一日能够飞向月球，跟月球来一次亲密接触。于是，人们开始对如何飞往月球进行探索，发射了许多月球探测器，了解月球的环境，为人类踏上月球作准备。最终，人类依靠自己的努力实现了自己的梦想。

★ 淘气的"月球"1号 》

苏联成功发射了世界上第一颗人造卫星后，便开始实施登月计划。他们的第一步是实现飞船无人驾驶绕月飞行，于是研制出了"月球"1号。1959年1月2日，"月球"1号顺利升空。但由于飞行的速度太快，"淘气"的"月球"1号竟然在距离月球还有5 000~6 000千米的地方一飞而过，飞进了太阳系的轨道。

▲ "月球"1号是人类发射的首枚月球探测器

★ 坚实的"月球"2号 》

"月球"1号的挫败没有让苏联人气馁，他们紧接着在9月12日发射了"月球"2号。在进入月球轨道后，"月球"2号一头扎在奥托利克环形山上，实现了硬着陆。经过它的探测，人类了解到月球周围没有强磁场和辐射带。

◀ "月球"2号

 见微知著　　　　月球

月球是地球唯一的天然卫星，距离地球38万多千米。它的体积是地球的1/48，面积与亚洲面积差不多，质量约是地球的1/81。在月球上，每个人都可以变成大力士和跳高选手，因为这儿的重力只有地球的1/6。月球表面布满了大大小小的环形山，样子有些像地球上的火山。

备受挫折的"徘徊者"号

苏联人在探月上的成功让美国人着实着急。于是,他们也发射了自己的月球探测器"徘徊者"号。然而,起初的 6 次发射皆以失败告终。不过,美国人还是坚持发射了"徘徊者"7 号、8 号和 9 号,得到了许多电视图像,拍摄了更大范围的月面地貌,并证明在月球上有很多可供登月舱着陆的平坦地方。

"嫦娥"奔月

2007 年 10 月 24 日,中国首颗绕月人造卫星"嫦娥"一号在西昌卫星发射中心升空,并于 11 月下旬传回第一张月球照片。2010 年 10 月 1 日,"嫦娥"二号顺利升空,获得了分辨率优于 10 米月球表面三维影像、月球物质成分分布图等资料。截至 2014 年年中,"嫦娥"二号突破距离地球 1 亿千米的深空,并不断刷新距地飞行高度。

▶ "徘徊者"7 号探测器的外形就像大蜻蜓

▲ "嫦娥"一号探测器

重振旗鼓的"勘测者"号

"徘徊者"号的屡次失败,让美国人萌生了研发新型探测器"勘测者"号的想法。1965 年 5 月到 1968 年 1 月,美国共发射了 7 颗"勘测者"号探测器,有 2 个失败,5 个成功。其中,"勘测者"1 号成功地在月球软着陆,在月面停留了 6 周,向地面发回 11 237 幅图片。

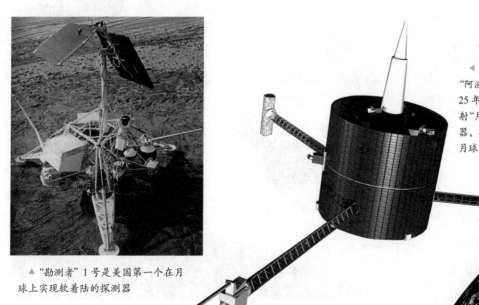

◀ 1998 年 1 月 6 日,"阿波罗"登月计划结束 25 年后,美国第一次发射"月球勘探者"号探测器,其主要任务是确定月球是否存在水源

▲ "勘测者"1 号是美国第一个在月球上实现软着陆的探测器

"阿波罗"登月计划

　　在人类众多的登月计划中,美国的"阿波罗"登月计划具有划时代意义,是人类航天史上的一次壮举。阿姆斯特朗完成了第一次在月球上行走,标志着人类的航天技术已经发展到了一定水平。人类不仅可以乘坐航天器接近月球,还可以走出航天器。于是,越来越多的宇航员来到月球表面,开始了新一轮的月球探索。1961—1972 年,"阿波罗"飞船先后 6 次成功登月,将 12 名宇航员送上了月球并安全返回。

▲ "水星"计划中身着镀银的舱内航天服的第一批宇航员

★ 早期计划 ≫

　　"水星"计划是美国国家航空航天局于 1959 年至 1963 年进行的航天飞行计划。它是"阿波罗"登月计划的第一步,也是美国第一个载人航天计划,其目的就是测试人在太空中的活动能力。1963 年 5 月 15 日,"水星"1 号载人飞船发射,并顺利完成任务。1963 年,"水星"计划正式结束,共完成 25 次飞行试验,其中包括 4 次动物飞行,2 次载人弹道飞行,4 次载人轨道飞行,耗资约 4 亿美元。

★ 过渡期的计划 ≫

　　1961 年 11 月,美国正式实施第二个载人航天计划——"双子星座"计划。该计划是在"水星"计划的基础上,进一步为载人登月服务,主要研究人在失重条件下长期太空飞行的各种问题,以及发展轨道机动、会合和对接技术,还有航天员的舱外活动能力。1965 年,"双子星座"3 号、6 号和 7 号飞船分别完成了变轨实验和太空会合实验,实验中宇航员身体状况良好。

▲ "双子星座"计划中,6 号和 7 号飞船在空中实现了会合,在间距只有 40 米的情况下持续飞行了 7 个多小时,最近时只有 0.3 米

★★"阿波罗"飞船 ≫≫

　　科学家们经过缜密的思考,最后决定用"月球轨道会合法"登上月球。飞船由指令舱、服务舱和登月舱三部分组成,大约有50吨重和25米高,由"土星"5号运载火箭发射升空。最终,"阿波罗"11号飞船于1969年7月20日至21日首次实现人登上月球的梦想,宇航员阿姆斯特朗也成了登上月球的第一人。此后,美国又相继6次发射"阿波罗"号飞船,其中5次成功。

▲ 执行"阿波罗"11号任务的三位宇航员分别是阿姆斯特朗(左)、科林斯(中)和奥尔德林(右)。其中阿姆斯特朗和奥尔德林登上月球,科林斯在月球的指挥舱负责留守

★★月球轨道会合法 ≫≫

　　"月球轨道会合法"实际上就是用飞船进入绕月球运行的轨道,但整艘太空船并不在月球上降落。飞船上的三名宇航员中,有2名进入登月舱准备登月,1名留在指令舱内。登月舱分离出来到达月球表面完成指定任务后,再升空与指令舱会合,登月的2名宇航员再次进入指挥舱。1小时以后,登月舱与指挥舱分离,登月舱落回月球表面。

指令舱调整姿态进入大气层
飞船指令舱和服务舱进入环绕地球飞行轨道后,将服务舱分离
展开引导伞,降落着落点
飞船与火箭分离,飞往月球
携载"阿波罗"号飞船的土星火箭发射
飞船在向月球的飞行过程中,服务舱上的推进系统修正飞行轨道
抛弃登月舱,指令舱与服务舱组合体准备返回地球
登月舱减速向月球表面降落
上升级与指令舱对接,宇航员进入指令舱
登月舱着陆级与上升级分离,上升级发动机点火,离开月球表面
"阿波罗"登月舱与指令舱分离,1名宇航员留守指令舱和服务舱结合体,继续环月飞行,另两名宇航员随登月舱准备降落月球表面
飞船进入月球轨道后,开始减速

▲ "阿波罗"飞船登月和返回示意图

见微知著 "嫦娥"计划

　　"嫦娥"计划是中国首个月球探测计划,分为3个发展阶段:首先实现环绕月球飞行;其次发射月球软着陆器;最后实现机器人登月,采集月球样本并返回地球。"嫦娥"计划提高了中国的政治威望,推动了国际间的航天合作,促进了航天技术的进一步发展。

★国防科技知识大百科

航天飞行事故

> 航天器发射成功总会给人们带来前所未有的惊喜和感动。然而，我们不要忘记，任何成功的背后都有着无数次的失败作为基石，要知道航天发射总是充满了危险。从苏联宇航员加加林搭乘"东方"一号进入太空开始，人类的航天事业便一直在不断前行，但在这个过程中也付出了惨痛的代价，无数的航天员为了人类的航天梦想献出了自己的生命。

"阿波罗"1号的不幸

　　1967年1月27日，美国宇航员格里索姆、怀特和查非进入了"阿波罗"1号飞船做地面试验。本以为这种不必点火升空的例行试验是"小菜一碟"，可是没想到，就在下午6时30分进行最后倒数计时时，突然一个小小的火花，使充满了纯氧的舱内引发了熊熊大火。整个事故前后只有区区3分钟，可待人们打开座舱，这3位勇士早已变作3具焦炭！

▶ 被烧毁的"阿波罗"1号飞船

★聚焦历史

　　1967年4月24日，苏联宇航员科马罗夫驾驶"联盟"号升上太空。24小时后，科马罗夫乘坐的返回舱返回地球。着陆时，主降落伞没有弹出来，返回舱以500千米/时的速度撞向地面，推进器燃料燃起大火，科马罗夫因而丧命。

◀ 在"阿波罗"1号飞船任务中牺牲的怀特（左）、格里索姆（中）、查非（右）

★★★ "联盟"11号的悲剧 ▶▶

　　"联盟"11号的悲剧是苏联载人航天史上最悲惨的一次灾难,造成三名宇航员丧生。1971年6月29日,"联盟"号飞船与"礼炮"空间站对接飞行24天后,三名宇航员乘坐"联盟"11号返回。但当飞船安然着陆,人们欣喜地打开舱门时,看到的却是已经死去的宇航员们。原来,返回舱和轨道舱爆破分离时,返回舱的减压阀被震开,导致舱内急速减压,致使宇航员因急性缺氧、体液汽化而死亡。

▲ 纪念"联盟"11号三位宇航员的邮票

★★★ "挑战者"号解体爆炸 ▶▶

　　1986年1月28日上午11时38分,"挑战者"航天飞机点火升空。当飞行到73秒时,它突然发生爆炸,片刻间变成了一团巨大的火球,碎片落在了大西洋中,机上7名宇航员全部罹难。数万名观众目睹了这幕悲剧。关于事故的原因,竟是航天飞机左侧固体火箭助推器的O型环密封圈失效,毗邻的外部燃料舱在泄漏出的火焰烧灼下结构失效,使高速飞行的航天飞机在空气阻力的作用下发生解体。

▲ "挑战者"号航天飞机在空中不幸发生爆炸

▲ "挑战者"号航天飞机爆炸时不幸遇难的七位宇航员

★★★ "哥伦比亚"号爆炸 ▶▶

　　2003年2月1日,美国"哥伦比亚"号航天飞机在原定降落时间16分钟前与地面控制中心失去联络,继而在德克萨斯州中部上空解体爆炸,7名宇航员无一生还。事故调查得出的结论是,"哥伦比亚"号发射后不久,燃料箱外脱落的三块泡沫碎块击中了航天飞机左翼前缘的隔热材料。当航天飞机返回,经过大气层时,剧烈摩擦产生的高温空气融化了左机翼内部结构,导致了悲剧的发生。

▲ "哥伦比亚"号机组人员在最后一次任务中的太空合影

★国防科技知识大百科

天 文 台

　　天文台是天文学家用来容纳大型天文观测仪器的地方。世界各国天文台大多设在山上。在天文望远镜发明之后，天文台得到了快速的发展，特别是在 20 世纪，天文物理学的发展进一步促进了它的发展。虽然天文台只是一个小小的观察站，但它能让我们更深入地了解宇宙。现在，天文台不仅是专业的天文观测场所，也是进行科学教育的重要场所。

内部设置

　　天文台最重要的建筑是设有天文望远镜的观测台，这里有着多种复杂的设备和机械。为了便于观测，人们将装有望远镜的天文台观测室设计成半圆形。在天文台里，因为人们要通过天文望远镜来观察太空，所以天文望远镜往往做得比较庞大，不能随便移动。而天文望远镜观测的目标，又分布在天空的各个方向，因此，很多天文台的屋顶和望远镜的转动都是由计算机系统控制的，精确度非常高。

▲ 天文台内部景象

建造选址

　　光学天文台大多建立在高山上。地球被一层大气包围着，星光要通过大气才能到达天文望远镜。大气中的烟雾、尘埃以及水蒸气的波动等，对天文观测都会有一定的影响，尤其是在大城市。而在远离城市的高山上，观测环境好，空气质量稳定，晴朗天数多，光污染少，而且不易受到人为因素的干扰。

最早的天文台

英格兰巨石阵位于英国伦敦西南 100 多千米的索尔兹伯里平原上，是一座用巨大石块砌成的建筑，主体由几十块巨大的石柱组成。这些石柱排成几个完整的同心圆，几个重要的位置正好指向太阳在立夏、立秋、立春和立冬的位置。除了太阳以外，月亮的起落点也有记载。有几块巨石正好指向月出的最南端和月落的最北端。这些惊奇的发现让人们认为，巨石阵极有可能是一座非常古老的"天文台"。

寻根问底

巨石阵的石柱是哪里来的？

巨石阵中的石柱小的有 5 吨，大的重达 50 吨，主要为蓝砂岩，这种石料来源于 300 多千米外的南威尔士普利赛力山脉。这些巨大的石块是如何运送的，一直是个谜。有人猜测，这些巨石经陆路到达靠近海岸的港口，然后将石料装上船，最后到达巨石阵。

▲ 巨石阵

格林尼治天文台

格林尼治天文台建于 1675 年。当时，英国当局为了解决在海上测定经度的问题，在伦敦东南郊的皇家格林尼治花园中建立天文台。1835 年以后，格林尼治天文台得到扩充，并且首创了利用"子午环"测定格林尼治平太阳时。因此，该台成为当时世界上测时手段较先进的天文台。1884 年，华盛顿会议决定格林尼治时间为世界标准时间，院内的子午线标志，即零度经线，为东、西半球的分界线。

▲ 格林尼治天文台

▲ 卡拉阿托天文台

卡拉阿托天文台

卡拉阿托天文台位于西班牙南部的卡拉阿托。这里的大型天文望远镜采用了模块化的组件，只需 20 分钟就可以完成观测仪器系统的更换。卡拉阿托天文台研究的重心是类星体，通过对不同的类星体进行观测获得的数据，可以帮助人类窥探类星体的秘密。

★国防科技知识大百科

"哈勃"望远镜

在地面通过望远镜观测太空总会受到大气层的影响,但如果把望远镜架在太空,就可以将盲点降到最小。于是太空望远镜应运而生。太空望远镜又叫空间望远镜,是天文学家的主要观测工具之一。1990年,"哈勃"太空望远镜进入地球轨道,成为人类第一架太空望远镜,被誉为"太空中的眼睛"。在它的帮助下,天文学家获得了很多在地面上无法获得的信息。

"哈勃"的"心脏"

"哈勃"太空望远镜是天文学发展道路上的一个里程碑,它携带的电子照相机可以拍摄下宇宙中微妙的景象,让人类更清楚地了解太空深处的秘密。光学部分是太空望远镜的心脏。"哈勃"的心脏由两个双曲面反射镜组成,一个是口径2.4米的主镜,另一个是口径0.3米的副镜,二者相距4.5米。"哈勃"的观测能力非常强大,相当于可以从华盛顿看到远在悉尼的一只发光的萤火虫。

▲ "哈勃"太空望远镜

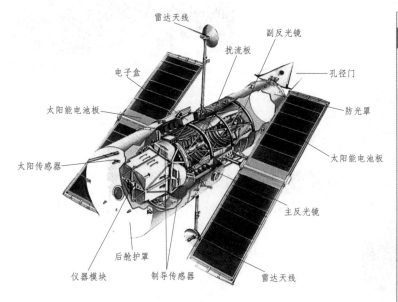
▲ "哈勃"太空望远镜结构图

雷达天线、扰流板、副反光镜、电子盒、孔径门、太阳能电池板、防光罩、太阳传感器、太阳能电池板、主反光镜、后舱护罩、仪器模块、制导传感器、雷达天线

见微知著 哈勃

哈勃是现代宇宙理论最著名的人物之一,发现了银河系外星系的存在及宇宙不断膨胀。哈勃认为星系离我们而去的时候光谱发生红移量与星体间的距离成正比,并推导出星系都在互相远离的宇宙膨胀说。

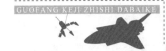

★ "哈勃"的优势 ≫

　　宇宙中的天体辐射到地球的光线会被地球的大气层阻挡或折射,使望远镜接收到的天体影像模糊不清,而"哈勃"望远镜处在没有大气影响的太空轨道上,因此它拍摄的星空图片的质量要比地面上的大型望远镜拍摄的图片好得多,清晰度是地面天文望远镜的 10 倍以上。同时,由于没有大气湍流的干扰,它所获得的图像和光谱具有极高的稳定性和可重复性。

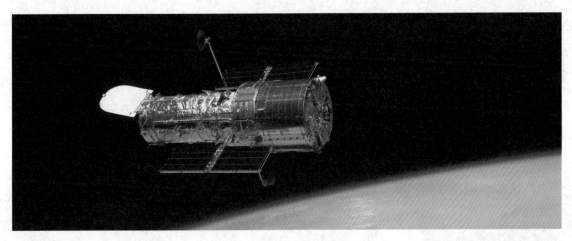

▲ 在太空中运行的"哈勃"望远镜

★ 辉煌的贡献 ≫

　　"哈勃"太空望远镜是人类制造的最高产的科学仪器之一,在服役约 25 年时间里,对太空中的 2.5 万个天体拍摄了 50 多万张照片。根据它的观测结果,科学家撰写了大量科学论文,建立和证实了众多宇宙学说。例如,它被用来研究矮行星、冥王星等太阳系外围的天体;提供的高解析光谱和影像证实了黑洞存在于星系核中的学说;观测到宇宙膨胀的精确数据,从而推算出宇宙年龄为 138 亿年。

▲ "哈勃"拍摄的猎户大星云

★ 生命历程 ≫

　　"哈勃"太空望远镜的设计始于 20 世纪 70 年代,建造及发射耗资超过 20 亿美元。1980 年初,望远镜被命名为"哈勃",以纪念美国天文学家爱德文·哈勃。"哈勃"太空望远镜在太空工作期间,共经历了 5 次大修,分别为 1993 年、1997 年、1999 年、2001 年和 2009 年。经过 2009 年的最后一次维护,"哈勃"太空望远镜的寿命得到了延长,但宇航员们今后不再对其进行维护了。

▲ 2009 年,"亚特兰蒂斯"号航天飞机航天员在对"哈勃"望远镜进行最后一次维修

太空战场 ▶▶▶

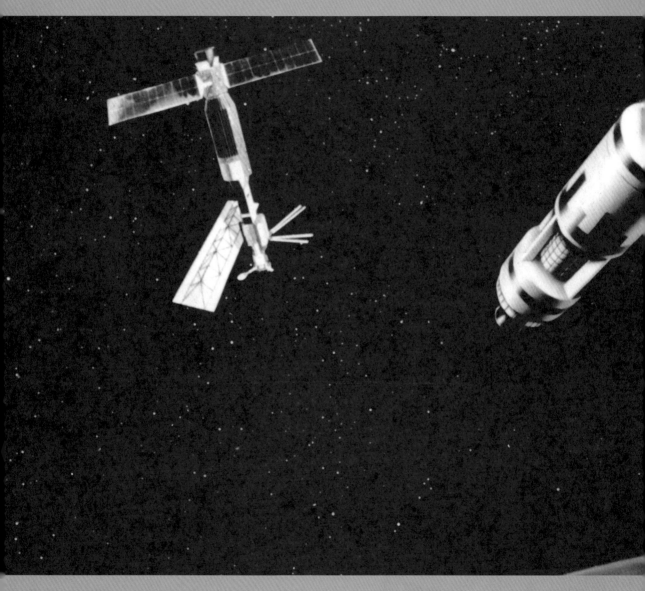

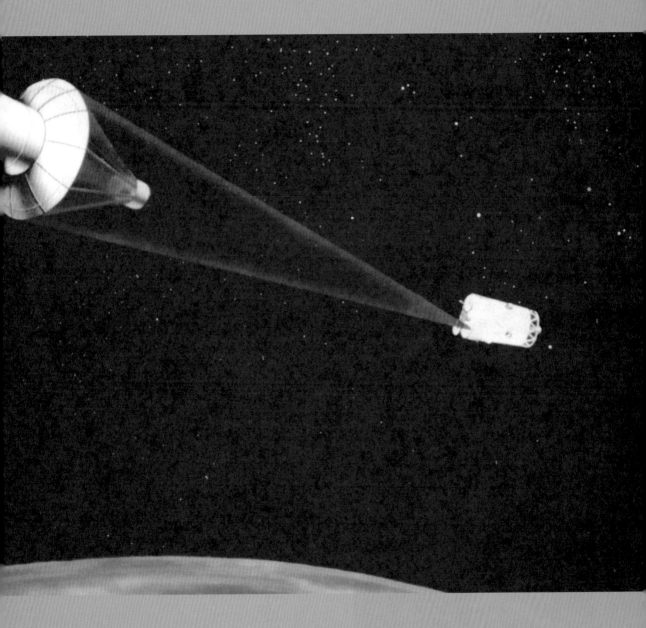

　　当今世界,航天技术早已成为大国军事系统中不可缺少的重要组成部分,各种军用航天器也已经成为影响地面、海上和空中军事行动的重要因素之一。在所有发射的航天器中,直接为军事服务的约占70%。军事通信卫星可以帮助军队获取最新的信息,是战争中的"通信兵";侦察卫星能帮助己方侦察敌方军情,争取战争的主动权;测绘卫星可以绘制出敌方的军事地图,了解敌人动向等。在未来,各式太空武器将为军事带来更加便利的服务。

新的战场

古代社会，人类的活动区域主要集中在陆地和海洋，因此军事战斗只能在这两个区域展开。随着科学技术的发展，人类的活动范围越来越大，而战场也随着活动范围在不断扩大。如今，太空已经成为人类开辟的新战场。在太空战场，军用航天器是主要作战力量，主要目的是夺取空间的控制权，通过侦察、预警、通信和导航等军事方式，为陆战、海战和空战提供军事支援。

▲ 神秘的太空吸引着人类为之探索不息

★ 奇妙的太空 ▶

太空又称宇宙空间，指的是相对于地球大气层之外的区域，它包括外领空。外领空通常用来和领空（领土）的划分相区别。太空作为新的空间，并不属于任何国家所有，占领它将获得极大的战略优势。因此，伴随着太空技术的发展，太空也慢慢出现了各种用于军事目的的航天器。这些航天器主要以检测为主，为己方防御和进攻提供必要的信息。

▲ 航行在太空中的军事卫星可以监测到对方的装备情况，为己方军事部署提供必要信息

★ 潜力无穷 ▶

随着科技的飞速发展和人类对太空无止境的探索，人类已飞出了天空，来到更为神秘的太空。太空是不同于海、陆、空的又一新探索空间，这里的环境与地球大不相同，也是世界强国争取的新空间领域。目前太空作战力量虽然只能作为辅助力量，但潜力无穷。军用卫星是太空战场中最耀眼的"主力军"，它们围绕着地球运转，高度范围从 200 千米到大约 4 万千米。在这个区域内，军用航天器发挥着巨大威力。

★★★ 太空保障与封锁

太空保障主要是指运用太空被动式武器系统，为各战场上的军事行动提供各种保障的军事活动。例如，利用通信卫星进行远距离情报、指挥等传输；利用运载火箭、航天飞机等运载工具，在地面与外层空间进行物资、人员输送等。太空封锁是指使用天基武器系统，对进入太空或经过太空战场的敌航天器进行封锁打击，以阻止敌方向太空战场增援，孤立敌太空部队的作战行动。例如，封锁、拦截敌运载火箭、航天运载工具，利用太空武器在外层空间破坏和摧毁敌方的导弹等。

> **见微知著 天基武器系统**
>
> 天基武器系统是指攻击敌方航天器用的卫星及卫星平台，如反卫星卫星、反卫星及反弹道导弹动能武器平台和定向能武器平台等。它们装有跟踪识别装置和杀伤武器，具有一定的机动变轨能力，能识别、接近和摧毁敌方卫星。

★★★ 太空破袭与防御

太空破袭主要是指对敌方的卫星、空间站、轨道平台等空间武器装备进行袭击和破坏的作战行动。例如，利用拦截卫星和反卫星导弹等，摧毁或破坏敌方的卫星。太空防御主要是指保护己方航天器的安全，而在外层空间进行的防卫性作战行动。例如，摧毁敌方天基攻击性武器系统，采用隐形技术降低敌侦察系统的作用，以机动变轨方式躲避敌方主动侦察和打击等。

▼ 美国太空导弹防御武器系统

★ 国防科技知识大百科

军用航天器

想要进入太空,就必须借助航天器。航天器包括火箭、人造卫星、空间探测器、宇宙飞船、航天飞机以及各种空间站等。顾名思义,军用航天器就是指专门用于军事目的的各种航天器,它们代表着军事科技的最高水平。目前,军用航天器的发展正在大步前进,已经由原先的情报搜集、通信、导航等"非武器类"向"武器类"方向转变,而且许多关键技术已经取得重大突破。

★ 出现和发展 》》

军用航天器在 20 世纪 60 年代中期开始出现并投入使用。从 70 年代起,军用航天器进入快速发展阶段。例如,侦察卫星提高了分辨率;通信卫星扩大了通信容量,并提高了抗干扰能力。军用航天器有的还实现了"一星多用",如导弹预警卫星兼有核爆炸探测的功能等。军用航天器的发展趋势是,提高生存能力和抗干扰能力,实现全天时、全天候覆盖地球和实时传输信息,延长工作寿命,扩大军事用途和提高经济效益。

★ 军用航天器的分类 》》

军用航天器分为无人军用航天器和载人军用航天器两类。无人军用航天器包括支援保障类航天器和作战武器类航天器两种,其中绝大部分是侦察卫星、通信卫星、导航卫星等人造地球卫星;载人军用航天器是军用航天器的重要组成部分,包括载人宇宙飞船、航天飞机和空间站。目前,载人飞船、航天站和航天飞机是军民合用,还未发展成专门的军用航天器。

▼ 载人军用航天器设想图

★★ 军用航天器的组成 ▶▶

　　航天器一般分为专用系统和保障系统两大类。专用系统用于直接执行特定任务，例如照相侦察卫星的可见光照相机或电视摄像机，电子侦察卫星的无线电接收机和天线等。保障系统用于保障专用系统正常工作，例如结构分系统、温度控制分系统、电源分系统、轨道控制分系统等。载人航天器除上述分系统外，还设有维持航天员生活和工作的生命保障分系统，以及通信和应急救生等分系统。

▲ 航天器的生命保障系统为宇航员工作、生活提供了舒适的环境

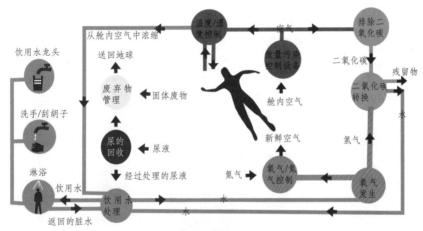

▲ 载人航天器中的废水回收利用系统

寻根问底

军用卫星中，哪类卫星的数量最多？

　　照相侦察、电子侦察、海洋监视和导弹预警等卫星在军用卫星中发射的数量最多。这些卫星一般位于低轨道，一天可绕地球飞行几圈到十几圈，而且不受领土、领空和地理条件限制，视野十分广阔。

★★ 运行轨道 ▶▶

　　环绕地球的近圆轨道是军用航天器最主要的运行轨道，其轨道高度和倾角因军用航天器的具体任务而异。例如，照相侦察卫星要求拍摄的照片具有高分辨率，而且要求在光照条件基本相同的情况下，因此多采用较低的轨道，例如太阳同步轨道；通信卫星追求的是在保证通信质量的情况下，覆盖面积尽量要大，因而采用高轨道，例如地球同步轨道。

▲ 在地球静止轨道上运行的卫星可以对地球近 1/3 的地区进行连续的观测

第一颗卫星

人造地球卫星是环绕地球飞行的无人航天器的一种。人造卫星是发射数量最多、用途最广、发展最快的航天器。1957 年 10 月 4 日，世界上第一颗人造卫星在苏联拜科努尔航天发射基地升空，人类从此步入太空时代。1970 年 4 月 24 日，我国第一颗人造卫星"东方红"一号在酒泉卫星发射中心成功发射，由此开创了中国航天史的新纪元。

★ 卫星的结构 ▶▶

世界上第一颗人造卫星名叫"人造地球卫星"1 号，它外表呈球形，直径 58 厘米，重 83.6 千克，主要由壳体、卫星设备和天线组成。其中，壳体由两个铝合金半球壳对接而成，用橡胶件保持气密，内部充有 1.3 大气压的干燥氮气。在密封的铝壳内安装有电池组、无线电发射机、热控制系统组件、转接元件、温度和压力传感器等。而无线信号通过安装在卫星表面的 4 个长 2.4~2.9 米的天线发射到地面。

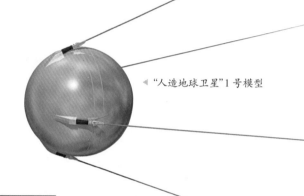

◀ "人造地球卫星"1 号模型

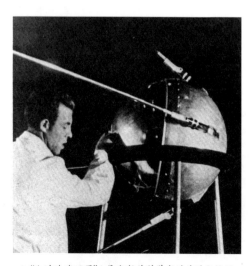

▲ "人造地球卫星"1 号发射前科学家对其进行检测

寻根问底

"人造地球卫星"1 号是乘坐哪个火箭升空的？

发射"人造地球卫星"1 号的运载火箭名叫"卫星"号，是用 P7 洲际导弹改装的。它全长 29.167 米，最大宽度 10.3 米，起飞重量 267 吨，是当时世界上最大的运载火箭。值得一提的是，第一颗月球探测器、第一颗金星探测器也是由它发射的。

★ 运行数据 ▶▶

"人造地球卫星"1 号的设计和制造，主要是由苏联著名的火箭和宇航设计师科罗廖夫领导的实验设计局完成的。卫星距地面的最大高度为 900 多千米，绕地球一周需 1 小时 35 分，92 天内共绕地球飞行了 1 400 圈，于 1958 年 1 月 4 日再入大气层烧毁，总航程约 6 000 万千米。其主要探测项目包括测量 200~500 千米高度的大气密度、压力、磁场、紫外线和 X 射线等数据。另外，卫星还携带试验动物，用以考察动物对空间环境的适应能力。

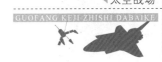

★★★ "东方红"一号 ▶▶

"东方红"一号是中国发射的第一颗人造地球卫星,它为近似球形的72面体,重量173千克,直径约1米。卫星的外壳表面为铝合金材料,球状主体上有4条2米多长的鞭状超短波天线。1970年4月24日21时35分,"长征"一号运载火箭顺利将"东方红"一号送入近地点439千米、远地点2 384千米、倾角68.5°的近地椭圆轨道。

▲ "东方红"一号卫星

★★★ 超期服役 ▶▶

"东方红"一号卫星的发射虽然比"人造地球卫星"1号晚了13年,但它的质量超过了苏、美、法、日4个国家第一颗卫星质量的总和。它的设计工作寿命只有20天,但实际寿命达到了28天,不仅完成了卫星技术试验、探测电离层和大气密度等既定任务,取得了大量工程遥测参数,而且为中国卫星设计和研制工作提供了宝贵的依据和经验。

▲ 负责"探险者"1号的科学家,右边为冯·布劳恩

★★★ "探险者"1号 ▶▶

"探险者"1号是美国第一颗人造地球卫星,于1958年2月1日发射升空,5月23日停止了工作。"探险者"1号卫星很小,只有8.2千克重,但它携带了很多仪器,不仅进行了宇宙线和微流量的测量,还首次发现了地球辐射带。

"探险者"1号

★国防科技知识大百科

军用通信卫星

　　在战争中，通信方式是极其重要的，它甚至能直接影响到战争的胜败。在古代战争中，由于科学技术的限制，敌对双方大多依靠步行、骑马，或者烟、火等传递信息和战况。但是在现代战争中，那些古老的通信方式已经逐步被淘汰，取而代之的是身处太空的军用通信卫星。军用通信卫星可组成空间网络，在与地面连通后，构成天地一体化的通信网络，在战场上发挥着无可比拟的作用。

★★ "最优秀的"通信兵 ▶▶

　　军用通信卫星具有通信距离远、质量好、可靠性高、保密性强、生存能力好等特点，称得上是战争中的"通信员"。它作为空间无线电通信站，担负着各种通信任务。军用通信卫星可以 24 小时不间断工作，保证信息能够实时传输。因为它在太空中，站得高，看得远，所以传播信号的范围非常大，一颗卫星就可以负责 1/3 地球表面的通信，而且还能够实现远距离快速通信。

▲ 均匀分布在地球赤道平面上的三颗同步通信卫星能够实现除地球南北极等少数地区外的"全球通信"

★★ 分工各不同 ▶▶

　　按用途的不同，军用通信卫星可分为战略通信卫星和战术通信卫星。前者提供全球性的战略通信，后者提供地区性战术通信以及军用飞机、舰船、车辆、个人终端的机动通信。目前，战略通信卫星和战术通信卫星的区分已经不明显了，性能和特点十分接近。这主要是依靠选择不同通信体制、调整发射功率和接收灵敏度、改变天线波束宽窄和指向、信号处理等技术来实现的。

◀随着时代发展，战略通信卫星和战术通信卫星的区分已不明显

★★★ 未来发展 ▶▶

　　军用通信卫星的未来发展
趋势：卫星上的天线能更好地适应战
术变化的需求，以提供灵活的覆盖范围和
抗干扰性；使用高频段信号，实现跳频范围大、减少
信息被阻截和被窃听的可能性；采用卫星上计算机处理技术，
使卫星能独立运行，并根据需要改变卫星轨道位置，更有效地传送卫
星数据；采取防电磁脉冲和核辐射的保护措施，提高卫星在直接攻击和核爆炸情况下
的生存能力。

▼ 美国"国防通信卫星"具有全球战略通信和局部战术通信的双重功能

★★★ 第一颗通信卫星 ▶▶

　　1958年，美国发射了世界上第一颗实验型通信卫星"斯科尔"号，成功地将当时美国总统艾森豪威尔的圣诞节献词发回地球，揭开了人类利用卫星进行军事通信的历史。因为卫星通信具有通信距离远、容量大、可靠性高、保密性强等很多优点，所以被迅速应用到军事上。1965年4月6日，美国成功发射了世界上第一颗实用静止轨道通信卫星——"晨鸟"号，并于6月就正式用于北美与欧洲间的国际商用通信，这颗卫星后来改称为"国际通信卫星"1号。

★聚焦历史★

　　2015年9月12日，中国利用"长征"三号乙运载火箭，成功将通信技术试验卫星一号送入太空。此次发射的卫星是中国通信技术试验系列卫星的首颗星，主要用于开展Ka频段宽带通信技术试验。

▲ "国际通信卫星"1号

通信卫星的优势与轨道

通信卫星在推动社会发展方面发挥着极其重要的作用,在现代战争中也扮演着非常关键的"角色",直接影响战争结果。服务范围不同的通信卫星,其轨道变化也非常大。多数通信卫星采用椭圆轨道,并可根据需要改变轨道参数。除此之外,通信卫星的轨道种类还包括圆轨道、抛物线轨道、地球静止轨道等,可谓五花八门。

通信质量与保密性

通信卫星的通信质量非常好。由于大部分信息通道位于宇宙空间内,没有大气的阻拦,因此传输损耗小,电波传播稳定,而且不会受通信两点间的各种自然环境和人为因素的影响,即便是在发生磁爆或核爆的情况下,也能维持正常通信。保密性强也是通信卫星一大优势。通信卫星可以实现"点对点"信息传送,大大减少信号被对方截获的可能性。此外,可以自主控制信号的频段和发送时间,也有效增强了信号的保密性。

◀保密性是军用通信工具的关键。自古以来,各国军方都想方设法提高其通信工具的保密性

传输范围与传输容量

通信卫星充当的是"信使"的角色,它把收集到的各种信息准确无误地传送给另一个地方的客户。由于它站得高,看得远,因此信号覆盖范围十分广泛。除此之外,通信卫星传输的信息量也是很大的。它一般采用微波波段,可传输多路电视和大容量的电话信息,而且由于采用了频分多址技术,不同接收站占用频率不同,比较适合点对点的大容量通信数据传送。

★★运行轨道 ▶▶

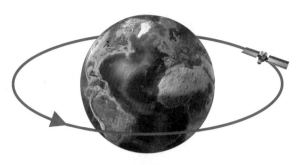

▲ 地球静止轨道是一个距离地心 35 786 千米的圆环,处于这条轨道的航天器,其围绕地球公转的周期和地球自转周期相同

大部分通信卫星运行在椭圆轨道上,一边离地近,一边离地远。当它们接近地面卫星站的时候,会接收信息,然后在其他时间把信息传送出去。在离地远的一边,卫星滞留时间较长,适合用于高纬度幅员辽阔的国家通信。还有一部分卫星运行在接近圆形的轨道上。由于卫星到达地球的距离始终是一样的,因此传送信号更加稳定。例如,位于地球静止轨道上的通信卫星,始终位于相对于地球表面的同一位置。

▼ 静止轨道通信卫星大约能够覆盖地球表面的40%,使覆盖区内的任何地面、海上、空中的通信站能同时相互通信

★★轨道决定使用寿命 ▶▶

每颗卫星都有使用年限,除了自身因素外,运行的轨道对使用寿命也有很大影响。一般来说,轨道越接近地面,卫星的使用年限就越短。这是因为卫星在运行过程中位置会经常发生变化,需要进行校正和调节,而近地轨道上的卫星的调节能力比较低,因此经过大约 5 年时间,卫星就会失去轨道调节能力,成为一颗"报废"的卫星。

寻根问底

为什么使用卫星电话时,隔一段时间才能听到回话?

电磁信号从地球站发往同步卫星,又从同步卫星发回地面接受站,需要在地球和通信卫星之间来回走一段路程,花费一小段时间,声音信号的传递会延迟同样的时间。因此,我们使用卫星电话进行通话时,需要间隔一段时间才能听到对方的回话。

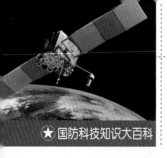

★国防科技知识大百科

战争中的通信卫星

　　信息时代的到来，使战争对抗向人员质量、信息化武器和信息化指挥控制体系转变。而军事卫星通信系统的变革与发展在信息化变革中发挥着重要的作用。通信卫星很早就开始应用于军事战争中，现在已成为军事通信的重要组成部分。一些发达国家和军事集团利用通信卫星系统完成的信息传递约占其军事通信总量的80%。在二战之后的数次局部战争中，通信卫星都发挥了一定作用。

★★★英军的制胜法宝 》》》

　　1982年，英国与阿根廷发生了马岛战争。英军不远万里前往马岛作战，而阿军以逸待劳。却没想到，英军取得了最终的胜利。在这次战争中，英军除了军事武器占据绝对优势外，军用卫星对胜利起了很大的作用。当时，英国的各种作战命令全部是通过卫星下达的，所以，战后英军在总结战争经验时说："如果没有通信卫星系统，很难想象登陆部队如何接受国家的指挥和控制。"

▼现代战争是信息化的战争，卫星通信
在其中发挥着重要作用

处处显神威 》》

海湾战争中，通信卫星出尽风头，立下赫赫战功。多国部队共动用了9个系列共23颗通信卫星，包括国防卫星通信系统、舰队卫星通信系统、英军的天网卫星和北约卫星通信系统、国际卫星通信系统和国际海事卫星通信系统等，为部队和指挥机构建立了全面而迅速的军事通信联络体系。其中，国防卫星通信系统成为部队实施指挥控制及与美国本土、欧洲及太平洋地区进行远程通信的支柱。到海湾战争结束时，它提供的多路通信业务占美军通信总量的75%以上。

▶ 接收卫星信号的天线

卓越战绩 》》

1998年12月，美、英对伊拉克实施了"沙漠之狐"行动。与海湾战争相比，军用通信卫星在这次战争中发挥了更加重要的作用。它迅速将详细的战场信息及时从战区送到指挥中心，使最高层指挥人员能随时密切关注战场动向。

在科索沃战争中，北约一共动用了约120颗各种卫星，其中就有36颗通信卫星，这一规模是"沙漠之狐"行动的两倍。

缔造速胜传奇 》》

在2003年爆发的伊拉克战争中，现代化信息技术在战争中发挥了巨大作用。美国在海、陆、空立体作战的同时，以信息技术为基础，以信息环境为依托，开展全方位协同作战。通信卫星是信息传递的主要担负者，为国防部各部门和作战部队之间提供高质量的保密通信和高速数据传输。如果没有通信卫星，即使距离很近，只是隔座小山丘，两军之间也无法联络。

见微知著　　**伊拉克战争**

伊拉克战争是以英、美军队为主的联合部队在2003年对伊拉克发动的军事行动。美国以伊拉克藏有大规模杀伤性武器并暗中支持恐怖分子为由，绕开联合国安理会，单方面对伊拉克实施军事打击，其实质是趁机清除反美政权的战争。

"企业"号航空母舰在1998年的"沙漠之狐"行动中发挥了十分重要的作用，它与军用通信卫星都是这次行动的"主力军"

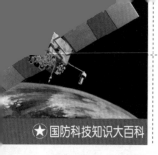

★国防科技知识大百科

各国军用通信卫星

随着航天技术的发展，现代战争的信息化程度越来越高，卫星通信成为一种先进、复杂的高技术通信方式。军事通信卫星是天基信息传输系统的重要组成部分，是未来军事作战系统的神经中枢，在现代战争中扮演的角色越来越重要，因而得到各个军事大国的重视。目前，美国、俄罗斯、英国都拥有军用通信卫星，还有一些国家也在发展之中。

"军事星"通信卫星系统

"军事星"系统是美国在20世纪80年代初开始实施的一项军事通信卫星系统工程。它是建立在核战争条件下生存的抗干扰、抗辐射、可靠性高的战略战术通信卫星系统，主要为美国的战略和战术部队在各个级别的军事冲突中提供安全、可靠的卫星通信。冷战结束后，"军事星"总数从10颗调整至6颗，但依旧可以准时提供语音、数据和图像信息。

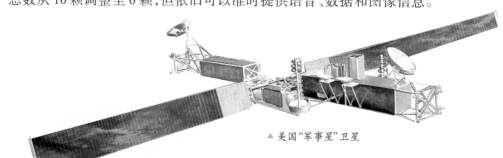

▲ 美国"军事星"卫星

"闪电"系列通信卫星

"闪电"系列通信卫星是苏联发射的主要通信卫星系列。它们虽然主要用于向苏联全国转播电视广播节目，进行电话、电报、传真通信和实现国际通信及电视广播节目交换，但同时也可以用于军事通信。为了便于地球站跟踪，绝大多数"闪电"通信卫星运行在偏心率很大的椭圆轨道上。这些卫星技术先进，仅1颗就能保证苏联和北半球多数国家在一天内通信8~10小时，3颗就能实现昼夜通信。1974年7月，1颗"闪电"号卫星被送入地球静止卫星轨道，成为苏联第一颗静止轨道试验通信卫星。

◀ "闪电"I号通信卫星（苏联邮票）

★ 欧洲军用通信卫星

　　欧洲国家也有自己的军用通信卫星。例如意大利的 Sicral 1B 军用通信卫星，为意大利国防部、北大西洋公约组织（简称北约）以及欧洲部分国家的国防部门提供通信服务，它携带有更新的电子通信设备，传输效率也更高。2013 年，法国和意大利联合发射了 Sicral 2 军用通信卫星，向北约提供军用卫星电信能力。除此之外，英国、西班牙和德国等都拥有各自独立的军用电信卫星系统。

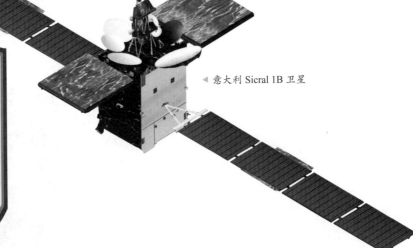

▲ 意大利 Sicral 1B 卫星

★聚焦历史★

　　2009 年 12 月 5 日，美国成功发射了一颗新型军用通信卫星——宽带全球通信卫星。它替代国防卫星通信系统，为美国军队提供高容量通信。据悉，一颗宽带全球通信卫星所能提供的容量与整个国防卫星通信系统相当。

★ "纳托"

　　1970 年，北约发射了"纳托"号军用通信卫星，主要用于北约总部与北约部队的通信联络，以及为北约的地面部队、空军和海军提供指挥控制的通信线路。该卫星重约 300 千克，使用寿命 7 年。

◀ 美国国防卫星通信系统

▲ "纳托"号军用通信卫星

天网卫星计划

信息通信是现代军事行动的关键。在现代战争中,由无人驾驶飞机获取的大量图像和数据,需要通过宽带通信网络迅速传送到指挥中心进行分析和处理。英国国防部的军用通信卫星网络项目"天网卫星计划"就是英军实现指挥中心间快速联通的重要手段。它由一系列军用卫星组成,任务就是为英军和北约部队提供战略通信服务,计划耗资 36 亿英镑,是英国最大的单一太空项目。

★★ "天网"恢恢

1969 年 11 月 22 日,"天网 1"卫星乘坐美国的"德尔塔"运载火箭顺利升空。之后,英国又相继发射了"天网 2""天网 4"和"天网 5"等系列卫星共 11颗。2008 年 6 月 13 日,最后一颗"天网 5C"由"阿丽亚娜 5"运载火箭发射升空,标志着"天网卫星"网组成。"天网卫星"是性能先进的大型通信卫星,可以为英军提供全球通信服务,同时也能与美军"国防卫星通信卫星"联通,也可与"铱星"等商用卫星并联。

★★ "天网 4"通信卫星

1981 年,英国开始研制新一代"天网 4"通信卫星。1988 年 12 月,首颗"天网 4"通信卫星成功发射。该卫星重约 670 千克,采用信号加密处理、抗电磁脉冲和电子干扰等先进技术,为军用通信建立了一个独立的保密卫星通信网,可以满足英国武装部队的一些特殊需要,例如海上通信线路与陆上中继线路的连接。"天网 4"卫星具有很强的抗干扰能力,工作时不需要大量的集中控制。此外,由于采用自动化技术,它也不需要复杂的操作和大量操作人员。

▲ 由"德尔塔"运载火箭搭载的"天网 1"卫星

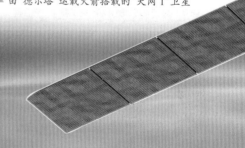

★★★ "天网 5" 开始实施 ▶▶▶

　　"天网卫星计划"包括更换、更新卫星通信控制中心以及军舰、军车和军机上的主要卫星通信天线和接头。2007 年，"天网 5"卫星通信计划开始实施。"天网 5"军用卫星通信系统由 3 颗卫星组成。"天网 5A"是整个三星系统中的第一颗卫星，并于当年 3 月份发射升空。该卫星使用了能与最新民用通信卫星相匹敌的先进数字传输系统，卫星结构经强化处理后，非常适应军事用途的需要。

▲ 2007 年 3 月，"天网 5A"被成功发射并进入轨道运行，目前已进入全面服务阶段

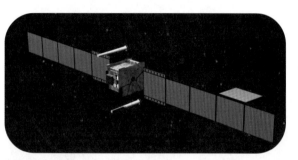

▲ "天网 5"卫星通信计划主要内容有超视距话音和数据中继的供应，其中包括视频会议以及其他指挥控制和通信中继业务

★★★ "天网 5" 组网 ▶▶▶

　　"天网 5"通信卫星是目前最先进的同类卫星，也是英国军队向电子时代迈出的重要一步。该卫星不但信息容量大，而且还具有超强的抗干扰和抗窃听能力。"天网 5B"和"天网 5C"在紧随"天网 5A"的步伐发射后，"天网 5"卫星通信系统正式组网，开始全面投入运营，其完整的通信平台逐步取代了"天网 4"通信系统，使英国陆、海、空三军在执行任务时能与总司令部交换更多数据资料，联络速度也更加快速。

▲ "天网 5B"卫星于 2007 年 11 月发射升空

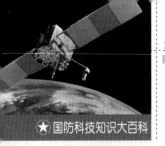

★国防科技知识大百科

侦察卫星

在茫茫沙漠中,在茂密的丛林中,军队能寻找到正确的穿越路线,这都是侦察卫星的功劳。侦察卫星又称间谍卫星,是专门用以获得军事情报的卫星,它既能监视又能窃听,是名副其实的间谍。尤其是在现代信息战中,侦察卫星更是能达到出奇制胜的效果。为此,各国便大力发展侦察卫星技术,以求在瞬息万变的现代战场上争得主动权。

★★★ 第一颗侦察卫星 ▶▶▶

1959年2月28日,美国加利福尼亚州范登堡空军基地里,有一枚高大的"宇宙神-阿金纳A"火箭耸入云端,它那顶端就是人类历史上的第一颗间谍卫星——"发现者"1号,星上装有高分辨率的摄像机,可以录像和录音。"发现者"系列卫星是返回式卫星,但前12次的卫星回收都失败了,直到第13次才回收成功。后来,美国不断发射这种卫星,获取了苏联大量的军事情报。

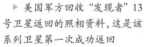

▶ 美国军方回收"发现者"13号卫星返回的照相资料,这是该系列卫星第一次成功返回

▲ 军用侦察卫星是用于获取军事情报的人造地球卫星,因此有"超级间谍"之称

★★★ 工作原理 ▶▶▶

侦察卫星上装有光电遥感器、雷达或无线电接收机等侦察设备。在轨道上运行时,它能对目标实施侦察、监视或跟踪,获取目标辐射、反射或发射的电磁波信息,并将信息以胶片、磁带等形式记录,存储于返回舱内,然后以无线电传输方式发送到地面接收站,最后经过光学、电子设备和计算机加工处理后,地面人员就能获取有价值的军事情报。

★★★ 特点优势 ▶▶▶

自第一颗侦察卫星发射后,侦察卫星发展迅速,已成为现代作战指挥系统和战略武器系统的重要组成部分。侦察卫星具有侦察面积大、范围广、速度快、效果好、可长期或连续监视一个地区而不受国界和地理条件限制等优点。

▶ 法国"太阳神"1号照相侦察卫星能够辨认出地球表面自行车大小的物体

★★★ 战争"晴雨表" ▶▶▶

侦察卫星具有很多的优点,许多国家都对它格外钟情。侦察卫星的数量和发射次数,已经成为国际政治、军事等领域内斗争的"晴雨表"。例如,冷战时期,美、苏两国的战略情报有 70%以上是通过侦察卫星获得的;在 1973 年中东战争期间,美国的"大鸟"侦察卫星帮助以色列获取情报;1982 年的英、阿马岛之战中,苏联利用海洋监视卫星侦察英、阿双方的军事战况,并把所获取的英国军队的有关情报提供给阿根廷军队。

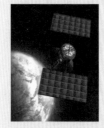

见微知著　　　　遥感器

遥感器是用来远距离检测物体和环境所辐射或反射的电磁波的仪器。一切物体都能反射外界照射在它表面上的电磁波。利用不同波段的遥感器可以接收不同辐射的或反射的电磁波。这些电磁波经过处理和分析,就能反映出物体的某些特征,进而识别物体。

▼ 侦察卫星是现代战争中最具威胁的超级"间谍"

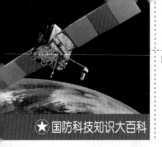

光学侦察卫星

早期侦察卫星最主要的侦察手段是利用可见光波段的照相机,这类侦察卫星称为光学成像侦察卫星,也叫照相侦察卫星。它的分辨率非常高,但是容易受天气影响,阴雨云雾天气和夜间都会"看"不清楚,从而影响正常的发挥。另外,普通的光学侦察卫星缺乏对时间敏感目标的持续侦察跟踪能力。为了获得持续的侦察能力,以美国为首的航天大国开始了静止轨道光学侦察卫星的研究,实现全时段的持续监视。

★与众不同的照相工具

为了提高分辨率,拍摄出清晰的图像,光学侦察卫星不仅需要先进的遥感器(可见光照相机、电视摄像机、红外照相机、多光谱照相机和微波遥感设备等),而且卫星本身要运行在近地轨道,并进行高精度姿态控制。有的光学侦察卫星上装有"多光谱照相机",这种相机有不同的滤光镜,可对同一目标进行拍照,得到几张不同的窄光谱的照片。由于不同的物体具有不同的光谱特性,所以它对伪装的物体进行拍照,就可以揭露真面目,识破敌方的诡计。

▲ 红外成像设备

◀ 多光谱扫描仪镜头

▲ 光学侦察卫星的回收舱在指定地点着陆后,人们可以迅速获得重要的图片信息

★照片回收

早期的光学侦察卫星会将拍摄到的重要信息以胶卷的形式存储下来。那如何取出胶卷呢? 最初,人们采取将卫星整体回收的方式,取出拍摄的胶卷。1968年后,只回收胶卷舱才成为主流。当卫星飞抵指定地区上空时,仪器舱与回收舱便自动分离,装有胶卷与信标发射机的回收舱从空中下降,进行软着陆。如今,人们不再需要回收胶卷,光学侦察卫星会将拍摄的信息以无线电的方式传回地面站,而且传递速度特别快。

★★取代飞机担重任 ▶▶

　　早期的侦察任务主要由飞机承担。飞机侦察不仅效果差、代价高,而且很容易被发现。随着卫星技术、光学遥感技术、信息传输技术和图像处理技术的进步,照相侦察卫星性能有了很大提高。由于这种卫星轨道运行时间长,侦察覆盖面广,且飞行不受国界限制,又不用担心驾驶人员的安全问题,所以在美国,它已取代了大部分飞机来执行照相侦察任务。

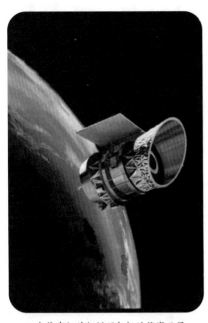

▲ 安装有红外扫描照相机的侦察卫星

寻根问底

照相机是谁发明的?

　　世界上第一台照相机是由法国画家达盖尔在 1839 年发明的。达盖尔的银版照相机由两个木箱组成,将一个木箱插入另一个木箱中进行调焦,用镜头盖作为快门,可以控制长达 30 分钟的曝光时间,拍摄出的图像相当清晰。

★★静止轨道光学侦察卫星 ▶▶

　　静止轨道光学侦察卫星运行在距离地球表面 35 800 千米的赤道上空,轨道高度几乎是普通光学遥感卫星的近 100 倍。它与地面保持相对静止,可以持续地对热点区域进行跟踪观测。这种卫星虽然在侦察持续性上有很大优势,但发射与研制难度也相应高很多。例如,要想获得和普通光学侦察卫星同样的分辨率,静止轨道光学侦察卫星的物镜口径要增加近 100 倍。

　　▶ 美国"锁眼"侦察卫星在几百千米高度拍摄的照片分辨率接近 10 厘米

★国防科技知识大百科

功能各异的侦察卫星

　　侦察卫星的侦察能力强大,可以很轻松地"看到"地面上发生的一切,例如一辆飞速行驶在公路上的小汽车。由于它们可以把敌方的行动尽收眼底,因此能给敌方的战略部署带来很大压力。根据执行的任务和侦察设备不同,侦察卫星一般可分为照相侦察卫星、电子侦察卫星、海洋监控卫星、导弹预警卫星和核爆探测卫星5类。

照相侦察卫星 》》

　　照相侦察卫星是最常见的侦察卫星。世界上最早、最有名的综合型照相侦察卫星当属美国的"大鸟"侦察卫星。"大鸟"有三只"眼睛"。其中,一只"眼睛"是一架分辨率极高的详查照相机,可以看清在地面上行走的单个行人;另一只"眼睛"是一架新型胶卷扫描普查照相机,用来进行地上大面积普查照相;第三只"眼睛"是一架可以在夜间看见地下导弹发射井的多光谱红外扫描照相机。目前,外层空间已经有16只"大鸟"在翱翔。

★聚焦历史★

　　第四次中东战争期间,"大鸟"间谍卫星拍摄下了埃及二、三军团的接合部没有设防的照片,并迅速将此情报通报给以色列。以军装甲部队趁机偷渡过苏伊士运河,切断了埃军的后勤补给线。

▲ "大鸟"侦察卫星

电子侦察卫星 》》

　　电子侦察卫星上装有电子侦察设备,能够侦察敌方武器系统的信号位置,截收对方遥测和通信等机密信息,而且还能探测敌方军用间谍电台的位置。因此,如果某个人身上带有特制电子设备,当电子侦察卫星飞到这个人所在的区域时,卫星上的电子和摄影仪器便会对这个人进行跟踪,无论这个人走到哪里,躲在哪里,都无法逃出卫星的跟踪。1962年5月,美国发射的"搜索者"卫星是世界上最早的电子侦察卫星。

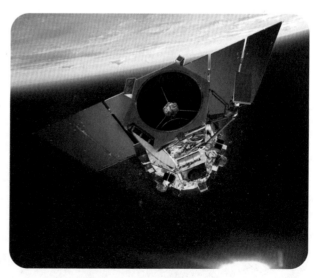

▲ 电子侦察卫星的轨道一般比照相侦察卫星高,大多在300~600千米,有的高达1 400千米

导弹预警卫星

　　导弹预警卫星是用于监视发现和跟踪敌方弹道导弹发射的侦察卫星，一般由多颗卫星组成预警网，可昼夜对地面进行监视。导弹预警卫星上的探测器在导弹发射90秒钟之内，预警卫星便能探测到起飞的导弹，并发出预警信号，提醒防御体系进行防御。

海洋监视卫星

　　海洋监视卫星是应用于海上的侦察卫星，它的任务是探测、识别、跟踪、定位和监视海上船只、潜艇的活动，侦察舰艇雷达信号和无线电通信。海洋监视卫星上装有红外辐射仪等高灵敏度的探测仪器，它不仅可以准确探测敌国海军力量分布，监视水下60米处的潜艇活动，而且还能测绘出相当精确的海底地图。

▲ 美国国防支援计划预警卫星，它的主要职责是监视导弹发射，并预报导弹落点

▲ 苏联的"宇宙"198号试验卫星，它是世界上第一颗海洋监视卫星

核爆炸探测卫星

　　核爆炸探测卫星主要用于探测核爆试验。一旦进行核试验，卫星就能第一时间侦察到。1979年9月22日，一颗核爆炸探测卫星发现非洲南部出现了一种神秘的闪光，并且在1秒钟之内连续闪动了两次。10月底，美国宣称该地区发生了一次核爆炸。然而，处于这一地区的南非却矢口否认。

▲ 美国"维拉"号核爆炸探测卫星

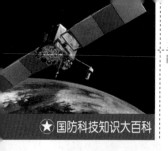

各国的侦察卫星

侦察卫星在现代战争中的重要作用也是人所共知的,世界很多国家都在积极发展侦察卫星技术。

美国的卫星技术一直处于世界的前列,其中,"锁眼"系列侦察卫星更是声名在外。俄罗斯是国际军事强国,其卫星技术并不逊色于美国。俄罗斯的"琥珀"系列、"阿拉克斯"侦察卫星都是俄罗斯卫星家族的佼佼者。中国作为航天大国,在侦察卫星方面也不落后于其他国家。

★ "锁眼"家族 》》

"锁眼"系列侦察卫星属于美国照相侦察卫星系列,现已发展到第六代。"KH1"型是第一代普查型照相侦察卫星,于1960年10月开始发射,地面分辨率3~6米。目前,在轨运行的"KH12"光学成像侦察卫星的性能最为先进。"KH12"于1990年开始发射,采用先进的自适应光学成像技术,可在计算机控制下随观测视场环境的变化灵活地调整主透镜,有效地弥补了大气影响造成的观测影像畸变。

▲ "KH 11"高级军事监视卫星示意图

▲ "KH12"侦察卫星

见微知著　　　卫星的分辨率

卫星的分辨率指在影像中将两个物体分开的最小间距,而不是能看到的物体的最小尺寸。例如分辨率0.1米,就是说两个人相距0.1米以上时,在影像中就可以看到分开的两点。当两个人距离小于0.1米时,他们的影像将合为一体,在影像中只能看到一个点。

★ 印度的侦察卫星 》》

2010年7月12日,印度成功进行一箭五星的发射,其中就包括最新高分辨率Cartosat−2B卫星,其全色分辨率高达0.8米。虽然印度声称该卫星主要用于地理测绘等,但这颗军民两用卫星和先前发射的两颗同类型卫星构成了完善的对地监视系统。

▲ "试验评估卫星"主要工作在较低轨道上,可提供更清晰的图像

庞大的家族

俄罗斯的侦察卫星可分为8代："天顶"系列构成了前3代；"琥珀"系列构成了第4代和第5代，是俄罗斯侦察卫星系统的基础；"蔷薇辉石"系列构成了第6代和第7代；"阿拉克斯"卫星属于最新的第8代。"阿拉克斯"侦察卫星的轨道比一般侦察卫星高得多，虽然牺牲部分分辨率，但却换来更加开阔的视野和更长目标驻留时间。

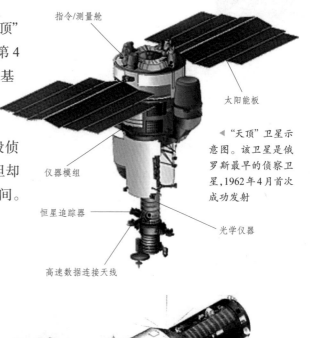

指令/测量舱

太阳能板

仪器模组

恒星追踪器

光学仪器

高速数据连接天线

◀ "天顶"卫星示意图。该卫星是俄罗斯最早的侦察卫星，1962年4月首次成功发射

▲ "琥珀"卫星

◀ "蔷薇辉石-1 顿河"卫星

以色列的侦察卫星

以色列的卫星技术也非常先进。早在1988年，以色列就成功地将"地平线"1号侦察卫星送入450千米的近地轨道。之后，分别在1994年、1995年、1998年、2002年发射"地平线"2号、"地平线"3号、"地平线"4号、"地平线"5号。如今，以色列的侦察卫星在国际市场上占有一席之地，就连欧洲一些发达国家也想方设法购买以色列的侦察卫星。

中国的侦察卫星

目前，中国已经组建了一个由20多颗军用侦察卫星构成的全球监控网络，这个系统的规模和实力已仅次于美国。2012年5月10日，中国发射了第三代光学成像侦察卫星——遥感14号卫星，其分辨率提高到0.45米左右，跻身于与法国、俄罗斯同列的光学成像侦察卫星第二梯队。

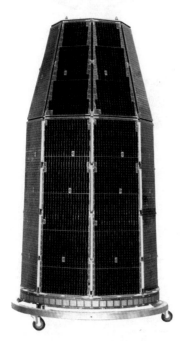

▲ 图为"地平线"1号侦察卫星

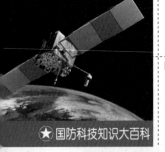

★国防科技知识大百科

预警卫星

预警卫星也叫导弹预警卫星，是侦察卫星家族的成员之一，肩负着实现预警目标监视，发现敌方弹道导弹发射的任务。在预警卫星出现之前，人们主要依靠雷达实现对敌方导弹的预警。由于地球是球型的，直线传播的雷达信号会受地球曲率影响，雷达发现导弹的距离受到限制，不能尽早捕获目标，所能掌握的预警时间很短。如今，拥有了预警卫星，捕获地面目标的能力就会更强。

★ 太空"千里眼" ▶

预警卫星是名副其实的太空"千里眼"，它一般由多颗卫星组成预警网，利用卫星所载红外与可见光探测器、望远镜或电视摄像机，发现并跟踪导弹发动机尾焰或弹体的红外辐射，然后向地面发送目标图像，在地面电视屏幕上显示出导弹尾焰图像的运动轨迹，判断导弹发射点和落点的位置，以便及时组织战略防御和反击。1961 年 7 月 12 日，美国成功发射"米达斯"3 号卫星，这是世界上第一颗真正意义上的预警卫星。

▲ "米达斯"3 号卫星

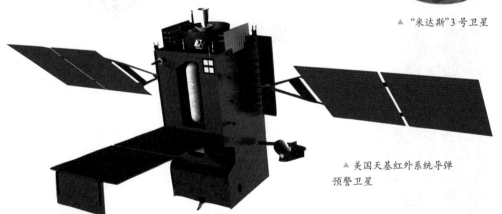

▲ 美国天基红外系统导弹
预警卫星

★ 导弹预警卫星 ▶

多颗卫星组成导弹预警网，昼夜监视地面。当被监视地区的地面或水下发射导弹时，预警卫星就会发出预警信号，提醒防御体系。另外，导弹预警卫星还具有探测核爆的功能，它依靠自身敏感的探测装置，可以探测到地球上任何地方所发生的核爆炸。导弹预警卫星一般在高轨道上运行，具有覆盖范围广、监视区域大、不易受干扰、受攻击的机会少、提供的预警时间长等优点。

两件"法宝"

预警卫星的能力强大是因为它有两件"法宝":高灵敏度的红外探测器和带望远镜头的电视摄像机。红外探测器可探测到导弹上升段飞行期间发动机尾焰的红外辐射,并发出警报;电视摄像机能跟踪拍摄目标,自动或按照地面遥控指令向防空指挥部发回目标图像。

劣势和局限性

预警卫星能在几十秒内探测出导弹飞行弹道和落点,为反导作战赢得了宝贵的时间。不过,预警卫星本身也有很多的劣势和局限性。预警卫星本身没有自卫装置,很容易受到反卫星武器的攻击;地面站是大型固定场区,也易受攻击。另外,卫星上的红外望远镜采用的是圆锥扫描,这种方式会影响望远镜的灵敏度;红外扫描只能粗略识别红外源的移动,还不能探测导弹体本身,就是说只能探测导弹上升段,而不能探测熄火后中段飞行的导弹。

▲ 导弹发射或飞行时,发动机的高温火焰辐射出强烈的红外线,预警卫星的红外线敏感器会捕获并跟踪这种红外线,从而预先知道导弹落点,为防御导弹进攻争取时间

▼ 预警卫星可以探测到核爆炸,有助于降低核爆炸对人类的危害

★聚焦历史★

1968年到1970年,美国成功发射了3颗"匿名者"号预警卫星。这三颗卫星位于准地球同步轨道,可发现苏联境内所有的导弹发射情况。1970年11月,美国发射了第一颗"国防支援计划"号预警卫星,日夜监视着它所覆盖的区域。

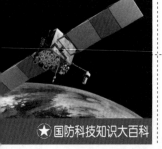

★国防科技知识大百科

导弹防御预警系统

导弹防御预警系统是部署在太空中的导弹预警系统网络，一般由多颗卫星组成，可以昼夜对地面监视，主要任务是提前预警敌方来袭的导弹。导弹防御预警系统发现导弹后，会将报警信号传送到指挥部，指挥部发出命令发射反导弹导弹；反导弹导弹搜寻敌方进攻导弹，识别真假弹头，然后在地球大气层外拦截、摧毁敌方进攻导弹。美国是最早开始研制该系统的国家，它的历程已将近半个世纪。

★ 探索与努力 》》

导弹防御预警系统的技术要求非常高，它不仅需要强大的监视网络，不间断地对目标进行监视，而且对时效性的要求也非常高。另外，该系统需要花费巨额资金，所以，目前只有美国、日本和欧洲拥有导弹预警卫星。1960 年，美国开始发射试验型导弹预警卫星，1970 年开始部署工作型导弹预警卫星。"米达斯"计划是美国第一个导弹预警卫星试验计划。在发射了 12 颗试验型卫星，仍旧无法投入实际应用后，国防部不得不下令停止"米达斯"计划。

▲"米达斯"计划是美国军方在 20 世纪 60 年代制定的卫星预警系统，可以提前对战略导弹袭击进行预警

◄ 导弹防御系统工作和运行的示意图

★ 弹道导弹预警系统计划 》》

"米达斯"计划之后，美国又启动了弹道导弹预警系统计划。该计划用于早期发现来袭的弹道导弹，并且根据测得的来袭导弹的运动参数，为己方提供足够的预警时间。1968 年 8 月至 1970 年 9 月，美国发射了四颗新研制的小型载荷卫星，其中三颗发射成功。该卫星近地点为 3.2 万千米，远地点为 4 万千米。卫星轨道远地点在赤道北面的上空，用于监视苏联导弹的发射情况。

国防支援计划

　　"国防支援计划（DSP）"又叫"647"计划，其导弹预警卫星是同步轨道预警卫星，是美国主要的卫星预警系统，也是美国战略防御预警系统的重要组成部分。卫星上除装有改进的红外探测器外，还装有一台电视摄像机，主要用于监视苏联、中国洲际弹道导弹的发射、试验及其他航天活动。目前，该卫星已经发展了三代，第一代研制了四颗，首颗于1970年11月6日发射。该卫星在1970至2005年之间共发射了23颗。30多年来，"国防支援计划"一直运行在地球同步轨道上，日夜监视着自己覆盖的区域。

红外探测器监测导弹发射时会排出高温燃气

▲ 美国"国防支援计划"预警卫星

▲ 2004年 DSP-22 预警卫星发射时情景

寻根问底

美国卫星如何应对敌方来袭导弹？

　　藏、换、走，是美国应对敌方来袭导弹的三种招数。藏，是把卫星做小，或者发射假卫星，使敌方导弹找不到目标；换，是发展快速发射技术，若一颗卫星被摧毁，新卫星可以迅速升空替补；走，是采取卫星变轨，让敌方导弹打不中。

功能特点

　　该系统的卫星能检测到大量红外辐射，如果在卫星旋转期间热源发生移动，就证明不是火灾或火山爆发，可以判定是火箭升空或导弹发射，并立即测定热源的位置、速度、弹着点等。

★ 国防科技知识大百科

检测核武器试验

核武器威力极其强大，一枚仅几千克重的核弹可以在一瞬间就摧毁一座城市。核武器的出现，对现代战争的战略战术产生了重大影响。因此，世界各国对核武器的防范和核试验非常重视。一些侦察卫星上装有探测核辐射踪迹的仪器，可以探测敌方的核武器试验，即使是地下核武器试验，它也可以通过检测当地空气中核辐射踪迹获取相关信息。

★ 核爆炸探测 ▶▶

核爆炸探测是为判明核爆炸的发生，并获取其爆炸的性质、时间、位置和爆炸方式等信息的探测。核爆炸的杀伤半径可达几千米至几千千米，能对目标造成综合性的杀伤和破坏。核爆炸除了会产生强烈的冲击波、光辐射、早期核辐射、放射性沾染和电磁脉冲外，还会伴随产生次声波、地震波和地磁扰动等物理现象。这些都可以作为探测核爆炸的信息源。

▲ 美国"维拉"号核爆炸探测卫星，装有 X 射线探测器、γ射线探测器、中子探测器、可见光敏感器。它的任务是探测大气层和外层空间的核爆炸

▲ 核监测卫星可以探测到由核爆炸引起的各种电磁辐射，进而确定核武器试验程度

★ 核爆炸的空中探测 ▶▶

地面探测虽然也能探测到核爆炸，但由于地形地貌的影响，精确度比较差。于是，人们采用飞机和人造地球卫星等航天器在空中进行探测。空中探测具有可视距离远、背景干扰小等优点。特别是利用人造卫星对核爆炸进行空中探测，不仅最有效，成本最低，能执行核爆监视任务，实时向指挥所提供核爆信息，同时还能得到清晰的图影，准确测量γ射线和光辐射特征，获取核爆炸参数。因此，空中探测日益受到一些国家的重视。

同位素探测法

通过化学分析也能探测核爆炸。核爆炸时会产生大量的多种放射性同位素，这些放射性同位素飘散在空中，最终降落到地面。利用专用仪器在空中或地面取样，并进行化学分析，就能获取核爆炸的某些参数。化学分析法可信度虽然比较高，获得的信息也比较多，但受气象条件影响较大，而且取样的时间比较长。

寻根问底

世界上有哪些国家拥有核武器？

世界上公开承认拥有核武器的国家有美国、俄罗斯、法国、英国、中国、印度、巴基斯坦7个国家。而以色列、日本等被国际社会认为是拥有或有能力制造核武器的国家。不过，由于核武器威力过于强大，国际社会一直禁用核武器。

精良的装备

核爆炸探测卫星之所以能探测核爆，是因为它装有X射线探测器、γ射线探测器、中子计数器、电磁脉冲探测器和可见光敏感器等仪器。这些仪器能探测到核爆炸产生的X射线、γ射线、中子、电磁脉冲和核爆炸火球。例如，星载X射线探测器可探测到1.6亿千米以内的万吨级TNT当量核爆炸产生的X射线。

▲ WC-135W是美国唯一一架用于空中搜集核爆炸后大气取样的侦察机

美国原子能探测系统

美国原子能探测系统可24小时监测全球核爆炸。1947年，美国国防部建立了核爆炸监测系统，对全球范围内的核爆炸信息进行监测。其监测系统主要由超过20颗卫星构成的全球定位系统和红外遥感卫星系统组成。另外，该系统还有分布在不同地点的5个水声探测站、大约40个声学地震台以及1架用于空气采样的军用飞机。

▼核武器爆炸时生成的蘑菇云

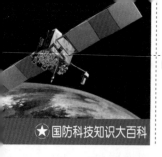

★国防科技知识大百科

遥感卫星

遥感卫星是一种利用星载遥感器对地球表面和低层大气进行光学或电子探测，以获取有关信息的卫星。在规定的时间内，遥感卫星可以覆盖整个地球或所指定的任何区域。当沿着地球同步轨道运行时，它还能连续对地球表面某指定地域进行遥感探测。遥感卫星需要和遥感卫星地面站配合工作。卫星通过无线电波将获得的图像数据传输到地面站，地面站发出指令以控制卫星运行和工作。

★★★ 类型与发展意义 ▶▶▶

遥感卫星主要有气象卫星、陆地卫星、地球卫星和海洋卫星4种类型，它们可以在轨道上运行数年，卫星轨道也可以根据需要来确定。遥感卫星对社会经济发展有着非常有益的作用，因此，许多空间技术基础比较薄弱的国家，如果能将有限的资金集中在与其国民经济密切相关的遥感卫星上，将会取得很好的效益。

▲ "哨兵-1"是为欧洲全球环境与安全监测计划建造的首颗地球观测卫星

★★★ 气象卫星 ▶▶▶

气象遥感卫星的主要任务是搜集气象数据，为气象预报、台风形成和运动过程监测、冰雪覆盖监测和大气与空间物理研究等提供实时数据。气象卫星一般位于太阳同步轨道和地球静止轨道。位于太阳同步轨道的气象遥感卫星绕地球南北极附近和跨越赤道上空运行。位于地球静止轨道的气象遥感卫星在赤道上空相对于地球处于静止状态。

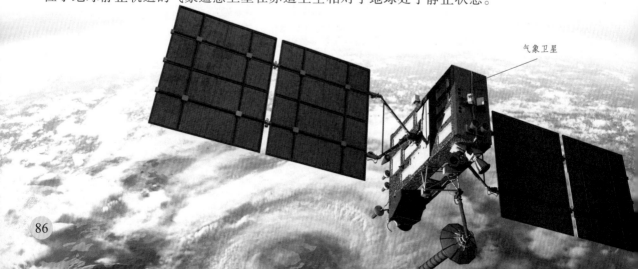

气象卫星

★■陆地卫星▶▶

陆地遥感卫星装有用来收集地球信息的多谱段扫描仪和返束光导管摄像机，它能将获得的信息以电信号形式记录和发送给接收站，供用户使用。它不仅可以调查地下矿藏、海洋资源和地下水资源，监视和协助管理农、林、畜牧业，而且还可以预报和鉴别农作物的收成，研究自然植物的生长和地貌，甚至还能拍摄各种目标，绘制各种专题图(如地质图、地貌图、水文图)等。

▲"陆地卫星"1号地球资源卫星是在一系列军事侦察卫星、气象卫星和载人宇宙飞船的基础上发展起来的

★■地球卫星▶▶

地球遥感卫星主要用来搜集地球资源和环境信息。20世纪60年代，美国从载人轨道飞船所拍摄的地面照片中，发现有丰富的地球资源和环境信息，随后开展了"地球资源卫星计划"。1972年，第一颗"地球资源技术卫星"在美国成功发射。

▲高层大气研究卫星是一颗探测地球大气尤其是臭氧层的科学探测卫星

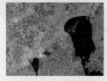 见微知著　　合成孔径雷达

合成孔径雷达是利用信号合成技术探测目标的雷达，它的分辨率高，能全天候工作，主要用于航空测量、航空遥感、卫星海洋观测、航天侦察等。另外，它还具有图像匹配制导，发现隐蔽和伪装的目标的功能，例如识别伪装的导弹地下发射井。

★■海洋卫星▶▶

海洋遥感卫星以搜集海洋资源及其环境信息为主要任务，它还能鉴别冰雪和水，在研究海洋浮冰和陆地积雪、地质构造、洪水泛滥淹没等方面也有很大的作用。2002年5月15日，中国成功发射了第一颗海洋卫星——"海洋"1号A星。卫星上的合成孔径侧视雷达能昼夜工作，发射的雷达波能穿透云层和浓密的植被获取地表图像。

▲美国于1978年发射的"海洋卫星"A号，它装有多种遥感器

★ 国防科技知识大百科

导航卫星

在大海中航行，要保证正确的航向，就需要有导航技术。在古代，人们航海除了一些简单的航海工具外，大多就要依靠水手的经验了。如今，人们发明了导航卫星，通过发射无线电信号，为地面、海洋和空中军事用户提供导航定位服务。在战争中，导航卫星也具有巨大作用，能为地面战车、飞机、舰艇、地面部队和单兵提供精确的地理位置、时间等信息。

寻根问底

卫星能导航是如何发现的？

1958年初，美国科学家在跟踪第一颗人造地球卫星时，无意中发现卫星飞近地面接收机时，收到的无线电信号频率逐渐升高，卫星远离后，频率就变低。这一有趣的发现，揭开了人类利用人造地球卫星进行导航定位的新纪元。

工作原理

导航卫星装有无线电导航设备，用户接收导航卫星发来的无线电导航信号，通过测距或测速获得用户相对于卫星的距离或距离变化率等参数，并根据卫星轨道参数和发送无线电的时间，求出在定位瞬间卫星的实时位置坐标，从而定出用户的地理位置坐标和速度。

★★ 卫星导航的优点 ▶▶

很多国家都利用人造地球卫星导航。卫星导航的优点有很多：导航范围遍及世界各个角落，可为全球船舶、飞机等指明方向；即使是恶劣气象也可以全天候为船舶指明航向；导航精度非常高，误差只有几十米；自动程度高，不需要地图就能知道经、纬度；设备简单，很适宜在舰船上安装使用。

★★ 导航差异 ▶▶

导航卫星在工作时，会因为具体环境的不同，发挥的作用而有所差异。例如，导航卫星在为海军导航时，由于没有高山、峡谷等影响，不用明确海拔高度；为陆军导航时，除了要知道坐标外，还要清楚海拔高度；为空军导航时，除了需要明确坐标，还要知道飞行的高度。

▶"子午仪"号是美国低轨道导航卫星系列，又称海军导航卫星系统

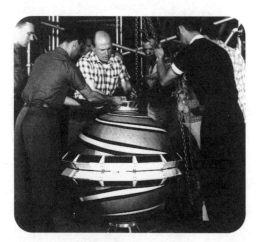

▲"子午仪"1A号卫星模型

★★ 第一颗导航卫星 ▶▶

1959年9月，美国发射了世界上第一颗导航卫星——"子午仪"1号。这颗试验性卫星发射7个月后，第一颗实用导航卫星——"子午仪"B号也发射成功了。1964年后，美国相继发射30多颗定型的"子午仪"号卫星，组成导航卫星网，不仅为核潜艇和各类海面舰船提供高精度的定位，而且使全球任何地点的用户平均每隔1.5小时利用卫星定位一次，定位精度为20~50米。

★★ "导航星"系统 ▶▶

20世纪70年代，美国开始部署第二代导航卫星——"导航星"。该卫星网由18颗"导航星"组成，可使任何地点或近地空间的用户随时接收到至少4颗卫星的信号，从而保证全球覆盖、三维定位和连续导航，其精度也提高到16米。在海湾战争中，"导航星"系统为美国的飞机、巡航导弹、舰艇、地面部队和执行其他任务的军用卫星进行了精确的导航定位。

▲"导航星"属于军民两用型导航卫星

★ 国防科技知识大百科

各国的卫星导航系统

在导航系统领域，美国是当之无愧的急先锋，其研制的 GPS 导航系统是目前世界上最先进、应用最广泛的导航定位系统。俄罗斯的"格洛纳斯"导航系统虽然使用范围并不广，但技术十分先进，在俄罗斯的军事系统中担当重要角色。欧洲的"伽利略"导航系统的情况和俄罗斯的很类似，但它的定位精度更高，覆盖范围更广。中国是导航系统领域的后起之秀，其"北斗"导航系统已初具规模，使用范围逐渐扩大。

GPS 导航系统 》》

1964 年，美国建立的军民两用卫星导航系统——GPS 全球定位系统正式投入使用。GPS 由 24 颗卫星组成，分布在地球的 6 个轨道平面上，每个近似圆形的轨道平面内各有 4 颗卫星均匀分布，可以保证在全球任何地点、任何瞬间至少有 4 颗卫星同时出现在使用者视野范围内。GPS 虽然很先进，但它的抗干扰能力较差。GPS 干扰装置很容易就能使从卫星反馈到地面的信号变弱，使 GPS 接收机无法正常工作，从而使其导航定位精度降低或产生误导。

GPS 导航系统示意图

▼ 车载 GPS 导航系统

"格洛纳斯"导航系统

20世纪70年代，苏联开始建设"格洛纳斯"导航系统，后来，俄罗斯接手了建造。"格洛纳斯"导航系统配置24颗卫星，其中工作卫星21颗，在轨备用卫星3颗。它们均匀分布在3个近圆形的轨道平面上，轨道高度1.91万千米。"格洛纳斯"系统的最大优势是抗干扰能力强。由于卫星发射的载波频率不同，它可以有效地防止整个卫星导航系统同时被敌方干扰。

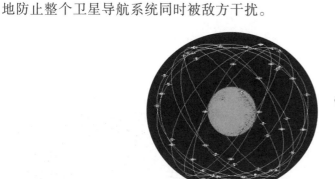

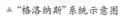

▲"格洛纳斯"系统示意图

"伽利略"导航系统

欧洲的"伽利略"导航系统于20世纪末开始研制建设。整个系统由30颗中高度圆轨道卫星组成，其中27颗卫星为工作卫星，3颗为备用卫星。它们均匀分布在3个近圆形的轨道平面，每个轨道面部署9颗工作星和1颗备用星，定位精度小于1米。"伽利略"是现有导航系统中唯一由民间组织发起建设的，是一个民用系统，将提供三种卫星导航信息服务，其中第三种就是为欧洲各国公安、反恐、情报等部门使用的，有巨大的军事应用潜力。

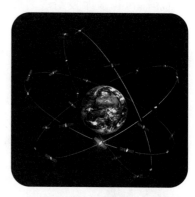

▲"伽利略"导航系统示意图

"北斗"导航系统

"北斗"卫星是中国自主研制的导航卫星，至今已发射了20颗。它可以为用户确定所在地理经纬度，提供全天候的卫星导航服务，另外它还有独特的短信收发功能。"北斗"导航系统由"北斗"定位卫星、地面控制中心、北斗用户终端三部分组成，具有卫星数量少、投资小、用户设备简单价廉等优势，可满足当前中国陆、海、空运输导航定位的需求。

★聚焦历史★

2015年9月30日7时13分，中国在西昌卫星发射中心用"长征"三号乙运载火箭成功将1颗新一代"北斗"导航卫星发射升空。这是中国第4颗新一代"北斗"导航卫星，也是中国发射的第20颗"北斗"导航卫星，工作轨道为地球倾斜同步轨道。

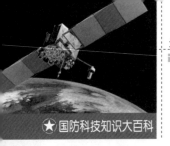

★ 国防科技知识大百科

战争中的导航卫星

导航卫星被喻为"空中航标灯",它不受昼夜和气象条件的限制,可以为飞机、船舶、车辆和导弹进行导航。导航卫星在战争中的应用十分广泛,舰船在大洋中航行,军队行进在沙漠中,飞机在空中执行任务,导弹在发射后飞向目标,都需要导航卫星的指引。从 1991 年的海湾战争、1995 年的波黑战争,到 1998 年底的"沙漠之狐"行动、2003 年的伊拉克战争,美军都大规模地应用 GPS 技术。

★ 导航定位 》

导航卫星在战争中可以用来搜索和营救遇难飞机、船只和战斗人员。当它接到呼救信息时,可以及时发给地面控制台,经处理后获得遇难者的位置信息,随后指挥机构就可以派出救援人员进行搭救,在海湾战争和北约空袭南联盟中均有成功的范例。有了导航卫星,坦克编队可在没有特征的沙漠地带完成精确的机动;扫雷部队可安全通过雷区;给养运输车能在沙漠中发现作战人员,并为其提供补给……

▲ 在野外密林中,高精度导航技术是不可缺少的,而卫星导航也为搜救工作提供了最理想的导航工具

★ 精确打击 》

海湾战争期间,为支援多国部队的作战行动,美国调用了 16 颗导航卫星,几乎每天至少有 3 颗导航卫星飞越海湾战区。精确打击是现代战争的一个重要特征。海湾战争中精确制导武器约占 9%,"沙漠之狐"行动中则占 70% 左右,而在"盟军行动"中则高升为 98% 左右,所采用的精确打击武器主要有巡航导弹和精确制导炸弹。这些精确制导武器要发挥威力,全都离不开导航卫星。

海湾战争展示出许多现代高科技条件下作战的新情况和新特点

★★★ 为作战部队定位 ≫

　　GPS 接收机可以做到小型化、手持式，因而携带方便，是野战部队和机动作战部队不可缺少的装备。海湾战争期间，GPS 接收机就很受部队欢迎，一度出现严重短缺的现象，许多部队不得不从市场上购买民用接收机。当时，多国部队配备的 GPS 接收机约有 15 500 台，其中军用接收机 5 500 台，民用接收机 1 万台。

◀ GPS 接收机

★★★ 物尽其用 ≫

　　北约空袭南联盟的战争中，以美国为首的北约部队依靠巡航导弹和防区外发射的空地武器对目标进行轰炸。这些武器一般都采用全球定位系统导航卫星制导。在伊拉克战争中，美国将导航卫星的作用发挥得淋漓尽致。原本美国的全球卫星导航定位系统定位精度达到 15 米，测速的精度也达到每秒 0.1 米以上，只要不出现意外，完全能满足战争需求。然而，为了确保战争胜利，美国又特意发射了 6 颗更先进的导航卫星，使卫星定位精度提高到 7 米。目前，GPS 的军用定位精度已经提高到小于 5 米。

见微知著　　　**"沙漠之狐"行动**

　　"沙漠之狐"行动是美、英两国于 1998 年 12 月 17 日针对伊拉克发动的一场大规模的空袭行动。4 轮空袭，美英空军出动 650 架次飞机，发射了 425 枚巡航导弹，投掷的精确制导炸弹达到 600 枚，造成伊拉克 700 多名人员伤亡。

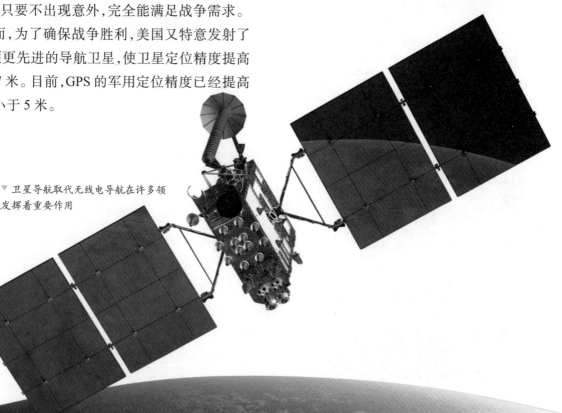

▼ 卫星导航取代无线电导航在许多领域发挥着重要作用

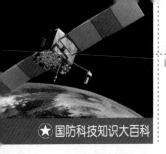

★国防科技知识大百科

军用气象卫星

在古代，人们通过看云来识别天气，而现在我们已经有了气象卫星。"天气预报"就是通过气象卫星发回的信息进行播报的。军用气象卫星是为军事需要提供气象资料的卫星，具有保密性强和图像分辨率高的特点。它鸟瞰大地，可以为各兵种提供全球范围的战略地区和任何战场上空的实时气象资料，从而为制订军事行动计划提供必要的气象支持。因此，军用气象卫星受到了各国的青睐。

气象卫星的优势 》》

气象卫星"察言观色，巧知天机"，它具有观测范围广、次数多、时效快、完整、连续和系统等特点，而且不受自然条件、国界、时间和空间的限制，可以预报台风、暴风雪、暴雨等灾难性天气，也可以监视森林火灾，提供云高、陆地和水面温度、水汽、洋面和空间环境等信息。

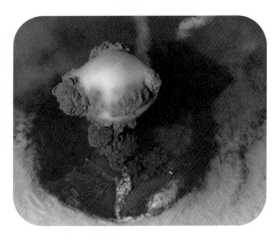

▲ 气象卫星监测到的火山爆发景象

▲ 正在组装中的"泰罗斯"1号气象卫星

第一颗气象卫星 》》

气象卫星的轨道分为太阳同步轨道和地球静止轨道。在太阳同步轨道上，卫星每天对全球表面巡视两遍，地球静止轨道可以对地球近1/5的地区进行连续的气象观测。1960年4月1日，美国发射了世界上第一颗气象卫星——"泰罗斯"。1965年1月，美国发射成功世界上第一颗实用型军用气象卫星"布洛克"1号，负责向美国海、陆、空三军实时或非实时提供全球气象数据。

★ "泰罗斯N/诺阿"

"泰罗斯N/诺阿"是军民两用气象卫星，属于美国第三代太阳同步轨道气象卫星系列。该系列的第一颗卫星于1978年10月13日发射升空，在轨工作了28个月。该卫星上装备的探测器有高分辨率辐射计、高分辨率红外探测器、平流层探测器、微波探测器等，能提供世界海洋大气资料和收集海洋浮漂、气球、地面台站气象数据。它与地球静止环境业务卫星等系列配合组成一个严密的全球天气监测网。

▲ "泰罗斯N/诺阿"气象卫星

★ 军事应用

在伊拉克战争中，气象卫星的军事应用均比较突出，为美英联军的气象保障和军事行动提供了大量决策依据。美英联军总共利用了12颗军民气象卫星，对战区进行的连续天气监测，为战区指挥系统提供的各类短期、中期和长期天气预报共同构成了战时气象信息。

寻根问底

气象卫星的观测内容主要有哪些？

气象卫星的观测内容包括，卫星云图的拍摄，云顶状况、云量和云内凝结物，陆地表面状况，大气中水汽、湿度、降水区和降水量的分布，大气中臭氧的含量及其分布，太阳辐射、地气体系向太空的红外辐射，空间环境状况的监测等。

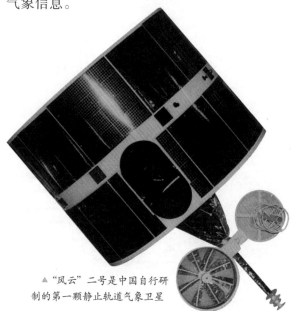

▲ "风云"二号是中国自行研制的第一颗静止轨道气象卫星

★ "风云"号

中国的气象卫星名为"风云"号。中国共发射了4颗"风云"一号气象卫星，它们都是在太阳同步轨道上运行的。"风云"二号系列都在地球同步静止轨道上面运行。2013年9月23日，中国成功发射第3颗气象卫星——"风云"三号。该卫星不仅可以民用，还可为军事和航空、航海等提供专业气象服务。它标志着中国军事气象卫星发展进入了新的阶段。

★ 国防科技知识大百科

战争中的气象卫星

　　天气对战争胜败的影响是非常大的。为了在战时准确预报天气情况，人们研制出了军用气象卫星。军用气象卫星在军事领域具有十分重要的战略地位。在马岛战争、海湾战争、科索沃战争和伊拉克战争中，气象卫星的表现都比较突出。它们就像气象战士，巡游在浩瀚的太空中，时刻搜寻大量气象信息，为整场战争提供了保障。

"插手"马岛之争

　　1982年，英国和阿根廷为争夺马岛而展开了一场激烈的战争。美国"泰罗斯N/诺阿"气象卫星插手了争端，并在战场上大出风头。马岛战争期间，美国向英国提供大量气象图资料，为英军最终取得胜利奠定了基础。而这些重要的气象资料就是由"泰罗斯N/诺阿"气象卫星搜集的。

▲ 美国"泰罗斯N/诺阿"卫星可以将全球的云图数据存储于卫星的磁带机内

DMSP 极轨气象卫星

国防气象卫星计划

　　美国"国防气象卫星计划"（简称DMSP）卫星是目前世界上唯一的专用军事气象卫星。DMSP卫星目前是世界上分辨率最高的气象卫星，它可以在800多千米的飞行高度分辨出地面上汽车大小的物体。此外，它还能够及时获取全球云图，大气垂直温度、湿度分布数据，实现大气层的三维观测，为美军的全球军事行动提供准确的气象预报。

气象卫星监测到的飓风眼

★★ "布劳克"5D 大显身手 》》

海湾战争时，由于中东沙漠地区气候环境极为恶劣，为了更好地提供强有力的气象保障，美国发射了 3 颗"布劳克"5D气象卫星。它们交替运行，每天 6 次通过海湾战区上空，为以美国为首的多国部队提供了重要的气象信息支援。2003 年 10月，"布劳克"5D3 进入轨道。它装有先进的传感器，可以全天候收集气象信息、海洋信息等，为美国陆、海、空三军的军事行动提供战略和战术气象预报。

气象卫星

★★ 为空袭行动服务 》》

在 1999 年的科索沃战争中，北约军队动用了大量气象卫星。这主要是因为春季的科索沃地区天气多变，常常阴云密布，而且丘陵地形起伏，给空袭行动带来很大麻烦，对定时获取特定目标图像的侦察卫星来说影响也不小。为此，北约投入了 10 颗气象卫星来洞察风云变幻，为空袭行动提供全面而准确的气象信息。

见微知著　科索沃战争

科索沃战争是一场由北约组织直接介入的战争。以美国为首的北约凭借占绝对优势的空中力量和高技术武器，对南联盟的军事目标和基础设施进行了连续 78 天的轰炸，造成了近 8 000 人伤亡。

★★ 先锋力量 》》

伊拉克战争中，美英联军总共利用了 12 颗气象卫星，为战场提供了有力的"天时"保障，并对交战敌方进行了气象资料的保密控制。美军用侦察卫星拍摄伊拉克重要军事目标或出动飞机轰炸要塞之前，需要知道那里的云层情况；空袭前，为了确保导弹命中精度，需要知道大气的温度、压力和风速等信息。这些任务都是由气象卫星完成的。

▲ 伊拉克战争期间，美军飞机的每次轰炸行动都离不开气象卫星的前期探测

★国防科技知识大百科

小卫星

一颗卫星的研制要耗费大量的金钱,一旦发射失败就会造成严重损失。而小卫星不仅可以进行各种探测,还可以大大降低成本。小卫星,顾名思义,就是比普通卫星体型小、重量轻的卫星。别看小卫星的个头小,而且是航天家族的新成员,出现的时间也相对比较晚,但是它的本领却是不容忽视的,一样可以轻松地在太空中圆满地完成各项指定任务。

★ 应运而生 ▶▶

从 20 世纪中期以来,人造卫星已经从性能单一、结构简单,向高性能、高集成方向发展。不过随着卫星功能的综合集成,卫星质量和对火箭运载能力的要求也不断提高,使得卫星发射费用越来越昂贵。随着卫星技术和应用的不断发展,人们在要求降低卫星成本、减小风险的同时,迫切需要加快卫星开发研制周期。小卫星技术就在这样的环境下应运而生。

▶ 小卫星在未来的战争中具有重要地位

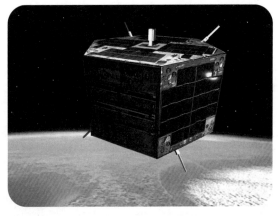

▲ 美国 OPAL 卫星,重量为 23 千克。2000 年,美国成功地从 OPAL 微型卫星上分离发射了世界上第一颗皮型卫星,重量仅 245 克

★ 个子小,本领大 ▶▶

以卫星的重量进行划分,通常将小于 1 000 千克的卫星称为小卫星。小卫星价格低廉,风险小,从研制到运行一般不超过 12 个月,但它的使用寿命却可以长达 10 年。小卫星是高度集成化技术、自动化技术的应用,特别是计算机的迅速发展,实现了星上控制与处理计算机小型化,可以快速实现设计、制造、发射、在轨运行全过程。另外,小卫星还可以用于气象拍摄和地面侦测,这可谓"个子小,本领大"。

军事"新宠"

近年来,西方军事强国发射了多颗军用小型卫星,如以色列的"地平线"和英国的"战术光学"卫星等,主要承担侦察任务。这些小卫星大多运行在距地400~600千米的轨道上,工作寿命短则4年左右,长则可达10年。目前,合成孔径雷达开始逐步应用在这些军用小卫星上,实现了全天候侦察能力。

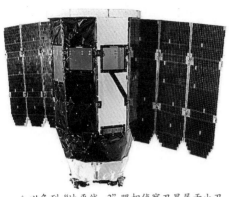

▲ 以色列"地平线-3"照相侦察卫星属于小卫星,重量小于300千克

▼ 英国"战术光学"卫星

中国首次发射

2004年,"试验卫星"一号在西昌发射中心成功发射。这是我国第一颗立体测绘小卫星,重204千克,主要用于国土资源摄影测量、地理环境监测和测图科学试验等。另外,和"试验卫星"一号一同飞上太空的还有"纳星"一号实验卫星。这次成功发射标志着中国小卫星研制技术取得了重要突破。

发射伴飞小卫星

"神舟"七号飞船在环地球飞行期间,发射分离出一颗伴飞微小型卫星,对飞船进行近距离观察,以确定其舱外部分的工作状态。这颗小卫星的重量约为40千克,载荷不足10千克,包括测控通信、照相、热控、自主导航定位等,真可谓"麻雀虽小,五脏俱全"。

见微知著 伴飞卫星

伴飞卫星是一种专门的航天器,其环绕空间站或其他空间飞行器运动。由于它的相对运动总是伴随空间站或其他空间飞行器,故被称为伴飞卫星。目前,伴飞卫星的主要作用是通过它实现对主航天器的观测和照料,并辅助其完成任务。

★国防科技知识大百科

测绘卫星

　　测绘卫星是现代对地观测信息系统的一个重要组成部分,是国家获取高精度空间地球信息的重要信息来源。它在国家经济战略和军事方面发挥着十分重要的作用。测绘卫星被喻为"导弹的眼睛",是导弹发挥作用的前提保障。它携带有先进的距离测试设备,可以精确测量目标区域的地形和海拔高度起落,从而为导弹或空军的进攻提供合适的路径。

★ 应运而生 ▶▶

　　以前,军事地图上标明的位置经常会和实地不符,给导弹弹道计算、飞机和导弹的惯性制导系统产生极大的影响。进行大地测量,特别是精度很高的测量,是一项十分复杂而艰巨的工作,一般的测量手段恐怕难以担此重任。于是,测绘卫星便应运而生了。相比其他遥感卫星,测绘卫星的观测精度明显高出许多。目前,测绘卫星技术比较成熟,美国、法国、印度、俄罗斯、中国等都发射了各种功能的测绘卫星。

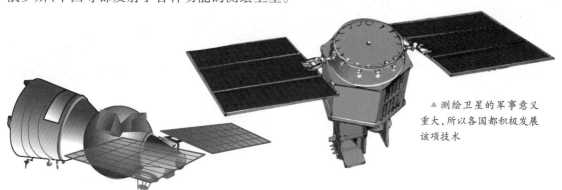

▲测绘卫星的军事意义重大,所以各国都积极发展该项技术

▲"琥珀"卫星家族的第3位成员——"琥珀-1KFT-彗星"是一颗测绘卫星

★ 测地卫星 ▶▶

　　测地卫星属于测绘卫星的一种,是指专门用于大地测量的人造卫星,它装有高分辨率照相机、红外探测仪、测地雷达等各种遥感、遥测设备,可以精确地测定地球上任意点的坐标、地球形体和地球引力场参数。1962年10月,美国发射了世界上第一颗专用测地卫星——"安娜"1B号卫星。它的出现和发展极大提高了大地测量的精度,从而提高了洲际弹道导弹的命中精度。

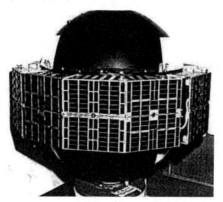

▲"安娜"1B号卫星

★ 测绘相机 ▶▶▶

测绘卫星在军事上的用途非常广泛,可以用于情报搜集、国防监测、精确测图等。测绘相机对于测绘卫星而言非常重要,可以提供详细的地图测绘数据。目前,世界上有两种测绘相机:一种是专门为测制地图而设计的航天测绘相机,例如美国研制的大幅面测绘相机;另一种是侦察卫星和测地卫星上使用的相机,它可以测绘地图,但是测绘的精度较低,如法国的"波斯特4"卫星上装的CCD相机。

▲ "波斯特4"卫星

★ 聚焦历史 ★

2012年1月9日,中国第一颗自主的民用高分辨率立体测绘卫星——"资源"3号在太原卫星发射中心成功发射升空。"资源"3号填补了中国立体测图领域的空白。通过立体观测,它可以测制出1∶50 000比例尺的地形图。

★ 日本的测绘卫星 ▶▶▶

日本是亚洲地区少有的已具有全天候获取高分辨率军事情报和地理空间信息能力的国家。2013年1月27日,日本发射了两颗间谍测绘卫星,即"雷达"4号情报收集卫星和一颗光学传感成像卫星。至此,日本所谓的"全球信息收集卫星网"已达到9颗卫星。其中,2009年发射的"光学"3号卫星的分辨率达到了0.6米,2011年发射的"雷达"3号的分辨率为1米。

▼ 日本"光学"3号卫7星发射情景

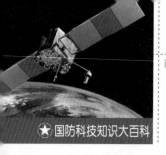

★国防科技知识大百科

反卫星侦察

侦察卫星本领强大,是现代战争中的主力军。在现代战争中遭受卫星侦察如家常便饭,为了提高己方军事信息的保密性,使其尽量逃过侦察卫星的"千里眼",反卫星侦察技术成为各国军方面临的一大课题,并日益发展起来。目前,作战双方可以通过干扰、伪装、躲避、反攻等方式,"蒙"上敌方侦察卫星敏锐的眼睛,夺取战争主动权。

信号干扰 》》

干扰是反电子侦察卫星的主要手段。侦察卫星只能通过遥感技术来获取信息,相应地改变地面部队的活动规律,就能减弱卫星的侦察效果。对需要保护的弱信号,可以用连续波噪声淹没,使卫星侦察不到较弱的辐射源。如果受保护的信号较强,可以采用新型雷达和通信系统,使用多部大功率干扰源,令敌侦察处理系统饱和,多路信道产生串扰,无法提取正确的信号。

▲ 战机通过播撒干扰剂,可以干扰敌方的红外探测

伪装欺骗 》》

研究图像分析过程,进行伪装欺骗,是战争中常用的反卫星侦察方式。对于照相侦察卫星而言,可以通过改变目标的形状、大小、色调、位置等识别特征,或设置假的目标,以假乱真;对于电子侦察卫星来说,则可以设置假发射阵地。科索沃战争中,南联盟军队曾通过制造假军事目标等方法,巧妙地把重要的军事基地和设施伪装起来,保存了军事的实力。

寻根问底

体积大的目标如何伪装躲过卫星侦察?

车辆、坦克、舰艇等"大块头"目标常处于运动状态,暴露面积比较大,可采用迷彩斑点布进行伪装。斑点布两面涂有不同类型的迷彩色,并镶嵌着隔热贴片,可以使武器装备与背景融合,从而达到躲过卫星侦察的目的。

▲ 军用帐篷也会对卫星探测起到一定的阻挡作用

▲ 地面部队机动行军，规避卫星侦察

★★★ 机动规避 ▶▶▶

　　掌握卫星运行规律，实施机动规避，就能躲避卫星侦察。卫星只能沿预定轨道飞行，当侦察卫星飞越上空时，地面行动应尽量隐蔽，但在它飞过地面可视范围之后，地面部队可以利用这个空隙大胆行动。冷战期间，苏联总部每天都向部队通报一次外国电子侦察卫星的飞行预报，各部队和基地的重要电子装备在卫星通过上空时都会关机规避。

★★★ 以攻为守 ▶▶▶

　　以攻为守是最有效的反卫星侦察方式。应用激光、微波和粒子束等强辐射武器直接摧毁卫星或卫星载体设备是重要的反卫星侦察手段。1981年，苏联卫星携带的激光武器使一颗美国卫星上的设备完全失效。1997年，美国进行了陆地激光武器攻击卫星的试验，用高能激光器发射的激光束击中了一颗报废的侦察卫星。

▲ 直接打击侦察卫星

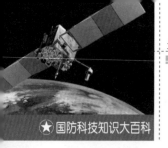

★国防科技知识大百科

跟踪军用卫星

军用卫星在发射后，会按照一定的规律在太空中绕地球飞行，所以通过一些技术手段可以计算出它的轨道，并且进行定位和跟踪；而卫星跟踪站可以对军用卫星进行长期连续跟踪，测定卫星的空间位置和轨道参数，使军用卫星按照设计要求进行正常工作。例如，"东方红"一号卫星升空时，位于陕西省西安市的卫星测控网曾经成功地跟踪、指挥、控制它。

★ 主控站 ▶

主控站是卫星跟踪站的重要组成部分，它是卫星系统的操作和监控中心。它的主要任务是收集各监控站发送的跟踪数据，进行时间同步与卫星时钟偏差预报，系统完好性计算处理等，从而计算出卫星的轨道参数和误差参数，并将这些数据发送到各监控站。另外，它还负责对卫星系统的工作状态进行及时诊断和调整。通常，主控站也兼作监控站。

▲ 卫星地面主控站

▼ 雷达是监控站接收卫星发出的无线电信号的主要工具

★ 监控站 ▶

监控站的主要任务是跟踪监测卫星信号，接收导航卫星电文。它装备有高精度的接收机和精密铯钟（计时器具），对所有能接收到信号的卫星都进行连续的高精度跟踪测量，并借助电离层和气象数据，对跟踪测量所得的数据进行处理，最后将结果传送到主控站，作为卫星定轨、时间同步、广域差分和完好性监测的依据。

卫星测控网

卫星测控网是跟踪测量和控制航天器的地面系统,主要测控装备有微波雷达、多普勒测速仪和光学设备等。冷战期间,美国军方创立了"高边疆战略",其中最重要的基础设施就是覆盖整个地球和地球外层空间的卫星测控网,美国为此投入了上千亿美元资金。目前,美国卫星测控网不仅用来跟踪和测控本国航天器,而且用来监控"有敌意的"卫星。中国的卫星测控网由西安航天控制中心、9个航天测控站、若干陆上活动测控站、两艘测量船以及连接它们的测控通信网构成。

▲ "跟踪与数据中继"卫星主要用于转发地面站对低、中轨道航天器的跟踪测控信号和中继从航天器发回地面的信息

◀ 美国卫星测量船

导引头

导引头是跟踪军用卫星的重要设备,因为它是截获、跟踪辐射源的核心部件,由天线、接收机、信号处理器等组成。通常,导引头分为长波红外导引头、厘米波导引头、毫米波导引头、激光红外复合导引头等几种。

★聚焦历史★

2015年2月26日,阿根廷国会批准通过了在阿根廷国内建造中国卫星跟踪站的法案。中国卫星跟踪站将建立在阿根廷国内的乌肯省南部,是中国月球开发计划的一部分,投资金额达到3亿美元。

▲ 美国拉古纳峰注入站

注入站

注入站是向卫星注入导航信息的地面无线电发射站。它能将主控站发送来的卫星星历和钟差等信息,按规定的时间注入到卫星的存储器中。因为轨道参数是随时间变化的,所以两次注入信息之间的时间间隔越短,导航精度就越高。每次注入后,卫星上存储器中的信息就会被刷新,而向用户提供新的信息。

★国防科技知识大百科

反卫星卫星

反卫星卫星又称截击卫星或拦截卫星,是反卫星武器的一种。它和空间观测网、地面发射－监控系统组成反卫星武器系统,能拦截、攻击、破坏、摧毁敌方在轨卫星或使其失去工作能力,主要用于对付间谍卫星。这种军用卫星携带有攻击性的武器,主要以激光武器为主。目前,反卫星卫星的发展速度并不快,使用的数量也不是很多。

★ 反卫星手段 》》

卫星飞得很高,速度又快,用普通的地面炮火摧毁它是不现实的,只有卫星或空间飞行器才能够对付它。目前,反卫星卫星对付目标卫星的手段主要有两种:一是在反卫星卫星上安装杀伤性武器,如导弹、激光或其他动能、定向能武器,破坏敌方卫星,使其失去作用;二是利用无线电进行干扰,也就是发射强大的无线电波,干扰敌方卫星的通信,使其指挥失灵,线路中断。

▲ 反卫星卫星攻击敌对卫星

★擒拿

擒拿也是一种重要的反卫星卫星手段。地面人员计算出敌方卫星的轨道数据，然后发送命令，让反卫星卫星进行变轨，去跟踪并接近被擒卫星，然后用机械手把卫星擒住，并装入容器，甚至带回到地面。美国曾经用航天飞机把一颗已经出故障的卫星从轨道上抓回，在地面修复后，再发射上去。随着科学技术的不断进步，反卫星技术肯定还会有新的突破。

★聚焦历史★

1975年，苏联进行了一次反卫星武器试验。一颗卫星从基地发射，进入轨道后去追赶另一颗运行的在轨卫星。经过追逐后，发射的卫星逐步靠近并"停"下来观察它的"猎物"。最后，它在适当时机引爆自身，炸毁"猎物"。

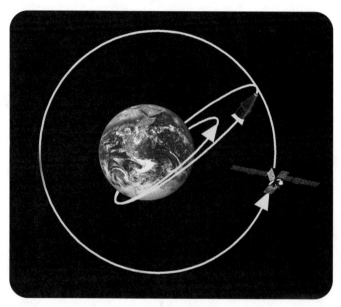

▲ 反卫星卫星多次变换轨道，逐步接近和摧毁目标卫星

★攻击方法

反卫星卫星的攻击方法有很多种。一是椭圆轨道法，就是将反卫星卫星发射到一条椭圆轨道上，多用于拦截高轨道的卫星。二是圆轨道法，就是反卫星卫星的圆轨道和目标卫星的轨道共面，这样可以比较容易进行变轨机动接近目标，并且还可以节省燃料。三是急升轨道法，将反卫星卫星发射到一条低轨道上，并在一圈内进行变轨机动，快速拦截目标卫星，使其来不及采取防御措施，但这需要消耗较多的燃料。

★作战过程

反卫星的作战过程是比较复杂的。首先，空间观测网要对敌方进行不间断观测，获得目标参数和性质，然后在适当时机将反卫星卫星发射到预定轨道，之后反卫星卫星起动变轨发动机，进行变轨机动去接近目标卫星，最后反卫星卫星用导弹、激光武器、高能粒子束武器、自身爆炸和碰撞等杀伤手段将其摧毁，使其失去工作能力。

▶ 反卫星卫星利用自身携带的动能武器打击敌对卫星

★国防科技知识大百科

火箭与导弹

　　火箭是利用反作用力向前运动的喷气推进装置。导弹是依靠自身动力装置推进的武器。它们二者有着巨大的联系,并彼此推进发展。现代火箭技术是伴随着战争的发展而出现的。在二战中,出于战争的需要,多个国家加强了对火箭的开发和研究。20世纪30年代,德国开始研究导弹技术,并建立了生产基地,成为早期导弹的发祥地。

★★ 导弹推动火箭发展

　　V-1是世界上第一枚火箭推进的导弹,它由德国研制开发,外形像一架小飞机,以冲压喷气发动机为动力,装有700千克普通炸药,射程370千米。V-2是世界上第一枚弹道导弹武器,采用火箭发动机作动力装置,能自动控制飞行速度和弹道。二战期间,德军使用V-2导弹袭击了英国、法国、比利时等国家。V-1,V-2导弹是当今航天运载火箭以及各种导弹的雏形。人类借鉴并利用它们,可以遨游太空、探索宇宙;但是在邪恶势力的驱使下,它就会成为可怕的杀人武器。

▲ V-1导弹的外形像是一架小飞机

◀ V-2导弹

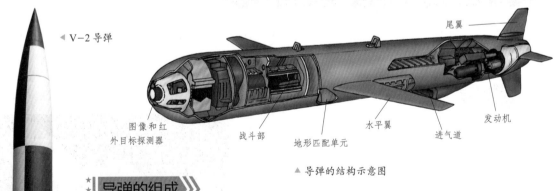

图像和红外目标探测器　　战斗部　　地形匹配单元　　水平翼　　进气道　　尾翼　　发动机

▲ 导弹的结构示意图

★★ 导弹的组成

　　一枚导弹由两个主要部分组成,一是战斗部,二是运载器。真正直接用来作战的是战斗部。导弹的战斗部大都安排在导弹的最前端,称之为弹头。战斗部内装的可以是炸药,也可以是核弹或其他毁伤装置。运载器则是用来把战斗部送向目标的一种可控制的飞行器,由结构系统、动力装置系统和控制系统等组成。运载器可以是火箭,也可以是其他类型的飞行器,例如弹道式导弹都使用有控火箭作为运载器。

运载火箭与导弹

运载火箭不仅可以用来运送各种类型的航天器，还可以用来运送战斗部，并使其击中目标成为导弹。早期运送航天器的运载火箭就是从导弹运载派生出来的。苏联发射世界上第一颗人造卫星时用的运载火箭，就是用苏联最早研制成功的 P-7 洲际战略导弹的运载器改制而成的。

★聚焦历史★

1944 年 6 月 6 日，盟军在诺曼底地区实施大规模登陆。德军腹背受敌，面临彻底覆灭的命运。德国元首为了作垂死挣扎，把刚刚装备部队的秘密武器 V-1、V-2 导弹亮了出来，企图通过用 V-1、V-2 导弹对英国进行袭击，以挽救败局。

▲ 导弹的战斗部

火箭变导弹

运载火箭和弹道导弹均以火箭发动机作为动力。其实，它们的推进系统、飞行原理、箭体结构和飞行控制系统等方面都基本相同。只要把火箭运载的航天器换成战斗部，增加制导装置，改变飞行轨道，就可使火箭成为攻击地面目标的弹道导弹。反之亦然，弹道导弹经过改装也可用于发射卫星。

▼ 导弹

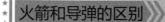

火箭和导弹的区别

运载火箭和弹道导弹虽然有很多相似之处，但它们一个往天上打，一个往地上打，还是有很多区别的。往天上打的运载火箭，只需要适应外层空间高真空、强辐射及失重环境的问题就可以了，而弹道导弹还要解决弹头设计问题和弹头再入问题。

★ 国防科技知识大百科

太空中的洲际弹道导弹

　　洲际弹道导弹是一种无人操纵的跨洲际战略进攻武器系统，是战略核力量的重要组成部分，可以从地面、海面或海下发射。它沿着一定的空间轨迹飞行，攻击固定的目标。洲际导弹具有射程远、速度快、毁伤力极大等特点，但是洲际导弹的弹道参数一旦被对方掌握，就很容易被拦截，因此漂浮在太空中的洲际导弹就出现了。

洲际弹道导弹的特点

　　洲际弹道导弹均可携带一个或多个核弹头，可同时打击多个目标，威力可达数百万吨TNT当量。现代洲际弹道导弹的射程可达 1 万千米以上，多采用 2~3 级液体或固体火箭发动机，命中精度可达 0.1 千米之内。早期的洲际弹道导弹采用无线电遥控制导，因为易受干扰，于是人们采用惯性测量元件，但是精度不高。之后人们又在在惯性制导的基础上，增加了星光测量装置，利用恒星方位来判定初始定位误差，提高导弹的命中精度。

▲ 美国"和平卫士"洲际弹道导弹试射实验。图中 8 条亮线为同一导弹释放出的 8 个弹头，每个弹头可携带当量相当于 25 枚在广岛爆炸的"小男孩"原子弹的氢弹

飞行阶段

　　洲际弹道导弹发射之前就设定好了程序。火箭发动机点火后，洲际弹道导弹加速飞行3~5 分钟后，已处于距地面 150~400 千米的高度。之后的约 25 分钟，洲际弹道导弹主要在大气层外沿的椭圆轨道作亚轨道飞行，轨道的远地点距地面约 1 200 千米。期间，它还会释放出携带的子弹头，以及金属气球、铝箔干扰丝和诱饵弹头等各种电子对抗装置，以欺骗敌方雷达。在达到最高点后，洲际弹道导弹开始加速向下俯冲飞行，撞击目标时的速度可高达 4 千米/秒。

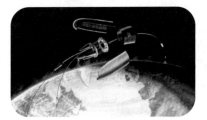

▲ 苏联多弹头弹道导弹设想图

★★ 隔热防护 ▶▶▶

洲际弹道导弹高速飞行，与空气剧烈摩擦，表面温度会达到几千度，如果不采取措施，它就会被烧成灰烬。于是人们在弹头表面涂了一层高分子耐烧蚀材料制成的防护层，它会逐渐分解吸收热量，当耐烧蚀材料分解完了，弹头也已击中目标了。现代洲际弹道导弹的防护层多为热解石墨，这是一种沿一个方向导热性能极好，而沿另一个与之正交的方向几乎不导热的新型材料，可以有效地保护弹头不受高温破坏。

◀ "民兵"洲际导弹

★★ "三叉戟"潜射弹道导弹 ▶▶▶

美国海军的"三叉戟"潜射弹道导弹是海基核力量的主体，其射程超过11 000千米，可携带3~14枚10万吨当量的核弹头，主要装备在16艘"俄亥俄"级核动力弹道导弹潜艇上。这16艘"俄亥俄"级核动力弹道导弹潜艇携带了384枚"三叉戟"导弹，共计2 880枚弹头，几乎占美国战略核武器库现役弹头的半数。按照美国海军的平衡战略，这些威力强大的核动力弹道导弹潜艇主要部署在太平洋和大西洋。

★聚焦历史★

1957年8月21日，世界上第一枚洲际弹道导弹——苏联的P-7在哈萨克斯坦的拜科努尔航天发射场试射成功，其射程约6 000千米。1993年，美、俄签署了《削减战略核武器条约》。这意味着美俄双方将同时削减弹道导弹的数量。

"三叉戟"潜
射弹道导弹

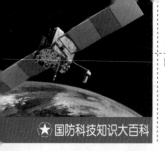

★国防科技知识大百科

反卫星导弹

在现代战场上，卫星的重要性不言而喻。为了能够在战时有效打击敌人，摧毁敌人的侦察、通信卫星就显得十分必要。可是卫星在距离地面至少几百千米的太空，如何才能摧毁它们呢？于是，反卫星导弹出现了。反卫星导弹是用于摧毁卫星及其他航天器的导弹，可以从地面、空中或太空发射。它能自动发现、跟踪和击毁目标。反卫星导弹针对的是军用卫星，尤其是运行在低轨道上的侦察卫星。

历史背景

20世纪60年代初，美国开始研究和试验利用核导弹反卫星，并一度部署过"雷神"反卫星系统。不过，由于核武器的使用受到极大限制，而且核导弹反卫星有可能给己方卫星带来不利影响，因此在1975年核导弹反卫星计划被取消了。到了20世纪70年代中期，美国全面转向研制非核反卫星武器。1978年，美国国防部批准空军研制机载反卫星导弹。同年9月，反卫星导弹的研制工作正式开始。

▲ 美国阿萨特ASM-135反卫星导弹

▲ 美国F-15A发射反卫星导弹

首次试验

美国空军在完成机载反卫星导弹的地面试验和空中发射的飞行试验后，于1985年9月13日，首次成功地用反卫星导弹击毁一颗在500多千米高轨道上的军用实验卫星。这种反卫星导弹长5.4米，直径0.5米，重量1 196千克，具有灵活机动、反应迅速、生存能力强、命中精度高、发射费用低等优点，对轨道高度低于1 000千米的航天器有较强的攻击力。

★★未正式部署▶▶

目前没有任何一个国家公开或是正面承认在环绕地球轨道中部署反卫星武器的行动，然而，美国与俄罗斯等有实力发射人造卫星的国家都可能掌握相关的技术或系统。例如，2008年2月，美国海军从提康德罗加级宙斯盾导弹巡洋舰"伊利湖"号上发射一枚改进型标准3型导弹，一举击落一颗据称失控的美国国家侦察卫星。目前，已证实曾成功以导弹摧毁人造卫星的国家包括俄罗斯、美国和中国。

见微知著　DN-2型反卫星导弹

DN-2型反卫星导弹是一款重要的战略反太空武器，旨在以高速度撞击卫星从而将其毁坏。该导弹能够破坏位于高轨道的战略卫星，如GPS卫星和间谍卫星。2013年5月，美国认为，中国测试了其反卫星武器系统，并声称当时中国首次成功发射了一枚DN-2型导弹。

★★中国反卫星导弹测试▶▶

2007年1月1日，中国从西昌卫星发射中心发射了一枚具有多级固体燃料的导弹，以反方向8千米/秒的速度，击毁了轨道高度863千米、重750千克的中国已报废的气象卫星"风云"一号C。这是自1985年美国发射反卫星导弹摧毁人造卫星以来首次成功的人造卫星拦截试验。这表明我国也具备了一定的反卫星能力。

▼ 导弹攻击卫星设想图

★ 国防科技知识大百科

"星球大战"计划

战略防御系统计划也称为"星球大战"计划,是 20 世纪 80 年代最负盛名的太空防御计划,是美国前总统里根在 1983 年提出的大胆超前的战略构想,要建立一套综合防御系统——反弹道导弹防御系统的战略防御计划(SDI)。其核心内容是,以各种手段攻击敌方的外太空的洲际战略导弹和外太空航天器,以防止敌对国家对美国及其盟国发动核打击。

★ "星球大战"计划 ▶▶

"星球大战"计划由"洲际弹道导弹防御"计划和"反卫星"计划两部分组成。技术手段包括在外太空和地面部署高能定向武器或常规打击武器,在敌方战略导弹来袭的各个阶段进行多层次的拦截。其预算高达 1 万多亿美元。但由于系统计划的费用昂贵和技术难度大,美国于 20 世纪 90 年代终止了"星球大战"计划。

▶ 天基定向能武器是反弹道导弹防御系统的主要武器之一

★ 出台背景 ▶▶

"星球大战"计划的出台背景是在冷战后期。当时,苏联拥有比美国更强大的核攻击力量,美国害怕"核平衡"的形势被打破,也为了维护自身战略利益,而认为有必要建立有效的反导弹系统,来保证其战略核力量的生存能力和可靠的威慑能力,维持其核优势,把苏联的核威胁降至最低。同时,美国也想凭借其强大的经济实力,通过太空武器竞争把苏联的经济拖垮。因此,美国提出了"星球大战"计划。

▶ 美国前总统罗纳德·里根在冷战后期(1983 年 3 月)一个著名演说中提出"星球大战"计划

▲ 利用电磁轨道炮打击弹道导弹

★★★ 规模庞大 ▶▶

　　"星球大战"计划规模非常庞大。从战略防御方面来看,该计划是一个以太空为主要基地,由全球监视、预警与识别系统、拦截系统以及指挥、控制和通信系统组成的多层次太空防御计划。它汇集了当代最高科技水平,对推动技术发展有着无法估量的作用。

★★★ 一场骗局? ▶▶

　　随着冷战密件的曝光,"星球大战"计划被证实是一场彻底的骗局。很多人相信,"星球大战"计划只是美国政府为了拖垮苏联而采取的一种宣传手段而已。不过,五角大楼声称,该计划没有最终实施,是因为存在技术缺陷。不过,这个计划还是产生了许多有影响的科技成果,例如激光卫星和早期侦察卫星等。

见微知著 **五角大楼**

　　五角大楼位于华盛顿市阿灵顿区,它不仅是美国国防部所在地,而且还是世界上最大的行政建筑。之所以叫"五角大楼",是因为从空中俯瞰,这座建筑呈正五边形。如今,"五角大楼"不仅仅代表这座建筑本身,也常用作美国国防部的代名词。

★★★ 4 层防御网 ▶▶

　　"星球大战"计划建立的防御系统包括4层防御网。第一防御层是助推期防御阶段,即导弹从助推器点火至穿过大气层阶段。第二防御层是后助推期防御阶段。第三防御层为中段拦截层,即导弹再入大气层之前,对前两层漏网的导弹弹头和突防装置进行拦截。第四防御层为末端拦截层,即对重返大气层后的弹头进行拦截。

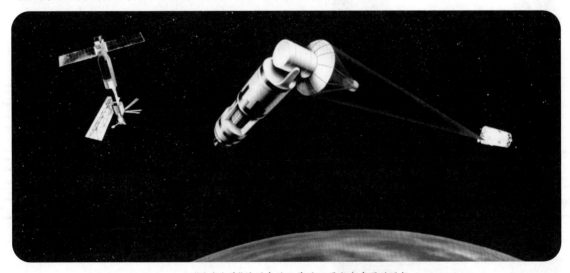

▲ "星球大战"计划中的天基反卫星激光武器的设想

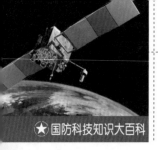

★ 国防科技知识大百科

天基导弹防御系统

美国的"爱国者"系统堪称是世界导弹拦截技术的先锋,在 1991 年的海湾战争中,就开创了导弹打导弹的先河。紧随其后,世界各个大国都开始研制各自的导弹防御系统。天基导弹防御系统是美国正在研究的一种太空防御系统,目的是在太空轨道上预防敌方战略导弹袭击。该系统包括许多重要项目,例如天基激光武器系统、天基动能拦截器计划、天基空间监视系统、天基红外系统等。

天基激光武器

天基激光武器是以激光武器为有效载荷的"杀手"卫星。与其他卫星一样,激光作战卫星轨道越高,覆盖面就越大。例如,地球静止轨道激光卫星可以覆盖 42% 的地球表面。若用近地轨道激光卫星来实现全球覆盖,虽然卫星的数量要相应增加,但由于离目标近,有利于提高激光武器的杀伤能力。

其实在"星球大战"计划中,就已有弹道导弹天基激光拦截器的构想,但由于当时在激光技术和资金方面的不足,该设想没有付诸实施。

▲ 天基激光武器

天基动能拦截器计划

天基动能拦截器计划于 2002 年底出台,该拦截器能够在弹道导弹发射后,全程跟踪、拦截和摧毁弹道导弹。天基拦截器装备有快速燃烧燃料加速器和机动性能较高的弹头,具有较高识别和判断目标的能力,能够从假目标和其他目标中判别出来袭导弹及其弹头。自"星球大战"计划以来,美国为导弹防御系统研制了多种拦截器,例如"宙斯盾"导弹防御系统的"标准"3 海基拦截弹、"爱国者"3 拦截弹等。

◀ "标准"3 海基拦截弹发射瞬间

"天基红外系统"

"天基红外系统"高轨预警卫星是美军正在研发的新型反导预警卫星,它能通过对导弹发射时尾焰产生的红外辐射进行探测成像,并将红外辐射图像信号变换为数字信号,传输至指挥控制中心,从而提供敌方导弹发射的预警信号。该卫星上装有两台探测器:一台是高速"扫描"型,另一台是"凝视"型。它们的扫描速度和灵敏度非常高。

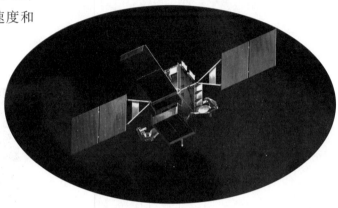

见微知著 **"爱国者"防空导弹系统**

"爱国者"防空导弹系统具有全天候、全空域、多用途的作战能力,主要对付现代装备和以后可能使用的高性能飞机,并能在电子干扰环境下击毁各种高度上飞行的近程导弹,拦截战术弹道导弹和潜射巡航导弹。"爱国者"扬名于海湾战争中对伊拉克"飞毛腿"导弹的拦截。

▶ 天基红外预警卫星是美国反导系统中的重要组成部分

天基反导武器

天基反导武器是部署在外层空间用于拦截弹道导弹的空间武器,可分为天基动能武器(火箭推进的动能弹、电磁力推进的电磁轨道炮)和天基定向能武器(强激光武器、粒子束武器、微波武器)两类。和地基反导武器相比,天基反导武器不仅能够实现高效率的助推段和末助推段拦截,而且可以实现全球范围的拦截等。

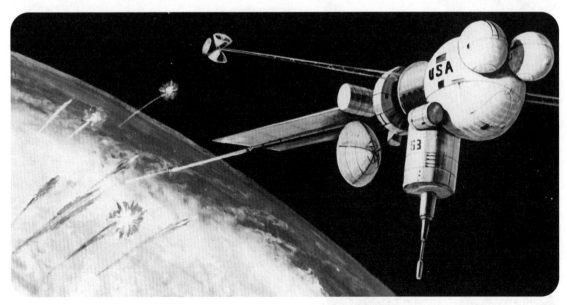

▲ 未来太空中的电磁轨道炮想象图

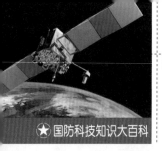

未来的太空武器

随着高新技术的不断发展,沉寂亿万年的太空将逐渐硝烟弥漫。各科技发达国家为争夺制天权,大力研制的各型太空武器纷纷亮相。未来太空武器会有新突破。那时的太空武器仍然是以各种卫星为主,但它们将拥有更强的攻击能力,例如携带大功率的激光器可以破坏敌方卫星的光学设备。另外,微波武器的研究也将被提上议程,以提高太空武器的杀伤力。

★★ 定向能武器 ▶▶▶

定向能武器又叫"束能武器",可以分为激光武器、粒子束武器、微波武器,是利用激光束、粒子束、微波束、等离子束、声波束的能量,产生高温、电离、辐射、声波等综合效应,采取束的形式而不是面的形式向一定方向发射,用以摧毁或损伤目标的武器系统。如果将各种装有定向能设备的航天器投放到战争中,则会在太空中引发一场激烈的"定向能战"。

▲ 苏联地基反卫星激光武器设想

★★ 无形杀手 ▶▶▶

微波武器又叫电磁脉冲武器,它主要是利用高能量的电磁波辐射去攻击和毁伤目标。这个武器系统主要由微波发生器、天线、定向微波发射装置、控制系统等组成,可用于攻击卫星、巡航导弹、飞机、舰艇、坦克、通信系统以及雷达、计算机设备等。其威力大,速度高,作用距离远,而且看不见,摸不着,往往伤人于无形,因此被誉为高科技战场上的"无形杀手"。航天器一旦拥有微波设备,会变得更加神奇,敌方将陷入被动挨打的困境。

◀ 微波武器试验

激光武器

激光又叫镭射,是一种高能量密度的光束。激光武器就是利用沿一定方向发射的激光束攻击目标的定向能武器。在与多个目标进行对抗时,它能迅速变换射击角度,灵活应战。激光武器虽然作用的面积很小,但都是关键部位,可以对目标造成毁灭性破坏。尤其在光电对抗、防空和战略防御中,激光武器可以发挥独特的作用。

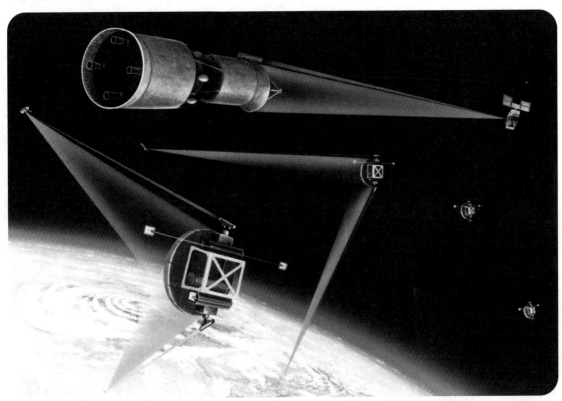

▲ 未来太空激光武器防御的设想

粒子束武器

粒子束武器是将电子、质子或离子等,利用粒子加速器加速到光速的 60%~70%,以非常细的粒子束流的形式发射出去,来轰击目标的武器。当粒子在前进方向上遇到障碍物时,它所携带的巨大动能就会传输到障碍物上,并将其破坏。粒子束武器可以穿越云雾,而且不怕反射,比微波武器更胜一筹。粒子束武器的射程很远,在太空可以破坏数十千米以外的目标,在大气中威力虽然有所衰减,但也能攻击数千米以外的目标。

寻根问底

什么是动能武器?

动能武器被称为"太空神箭",是指利用发射高超速弹头的动能,直接撞毁目标的武器。所谓高超速,通常是指具备 5 倍以上声速(约 340 米/秒)的速度。这个速度远非《水浒传》中绰号"没羽箭"的张清的"石子"所能比拟。

航天应用 ▶▶▶

　　现在,航天技术走进了人们的生活中,使国民经济、社会生活、国防建设各领域发生着深刻的变化。航天技术帮助科学家们预测天气、监测环境、培育新品种的作物、寻找资源,让普通人收看电视节目、和远方亲友通话联络、吃到各种新品种蔬菜等。除此之外,人们还发射了许多探测器,寻找适宜人类生存的新的星球和可能存在的外星生命,也希望将来可以移居外星球,减轻地球的压力。

航天与生活

　　作为 20 世纪最伟大的技术进步之一，航天技术在人类向未知世界探索的道路上谱写了一章章辉煌灿烂的历史。空间技术的每一次突破，都会引发生产力的深刻变革和人类社会的巨大进步。而现在，航天技术已经从一个过去只能幻想的领域，慢慢地走进了人们的现实生活。从太空育种，到广播电视，再到天气预报，航天技术已经成为我们生活不可分割的一部分。

航天食物

　　蔬菜脱水、复水技术是 20 世纪 60 年代为航天员在太空中的饮食而开发的。我们平常所吃的方便面中有个蔬菜包，里面装的就是经过处理的脱水蔬菜。现在，宇航员食用的食品种类繁多，不仅有新鲜的面包、水果、巧克力，也有装在太空食品盒里的炒菜、肉丸等，里面还有番茄酱等调味品。这些食品大都是高度浓缩的、流质状的。通过航天育种，人们还在地面培植出数十种作物新品种，太空青椒、太空番茄已走上了普通百姓的餐桌。

▲ 航天食物

卫星导航

▼ 只有正确的电子引导才能更顺利地到达目的地

　　错综复杂的道路总是让每一个开车的人头痛不已。有了车载 GPS 导航定位系统，人们就有了实时的电子地图，不仅可以知道自己所处的位置，去目的地该走哪条路，还能选择最顺畅的行车路线。无论天气是否恶劣、位置是否偏远，卫星导航系统都能够为全球车辆、船舶和飞机提供高精度的导航服务。中国正在建设中的"北斗"导航定位系统，曾为汶川抗震救灾提供了有力的支援。

Exit 64 right

80

20:06　　　700 m

▲ 卫星电视

★收看电视

太空中的通信卫星，可以把远在国外的比赛送到我们眼前，也能使边远地区的人们收到当天的电视节目。电视节目是通过地面的发送设备发送到太空中的通信卫星，再通过通信卫星发送到地球上的特定区域，地面上的接收设备接收到这些信号后将其转换成可以观看的节目信号发送到各家各户。试想一下，如果没有通信卫星，每天下班回家连电视都看不成了。

★预知天气状况

看卫星云图、听天气预报已经成为人们的一项日常功课。天气预报可要依靠专门的气象卫星，每天定时拍摄地球表面的云层，并将信息发送到气象局。气象局将卫星发回来的图片和各地气温、风速等信息进行分析和计算，得出结论后给我们发布天气预报信息。这些信息在很大程度上都要依靠气象卫星拍摄的图片得到。2008 年北京奥运会期间，天气预报甚至精确到了对某一场馆、某一时段进行预报。这些都离不开航天技术。

寻根问底

为什么太空中可以生产高质量材料？

太空环境中的微重力、真空、无菌等条件可以创造出无数奇迹。在地面工厂熔炼合金，由于金属成分的密度不同，重金属会下沉，炼出来的合金内部成分不均匀。可是在太空中几乎觉察不到地球重力！连陶瓷粉末也能和镍融合在一起，形成耐高温、超硬度的"陶瓷金属"。

▶ 天气预报员根据卫星云图的变化预报天气

★国防科技知识大百科

民用通信卫星

在人类进入太空之前，美国航天局就建造了卫星，用来让人们观察外部空间的情况。后来，人们发明了通信卫星来传递信息，如卫星电话。通信卫星是作为无线电通信中继站的人造地球卫星，它就像一个国际信使，收集来自地面的各种"信件"，然后再"投递"到另一个地方的用户手里。通信卫星是世界上应用最早、应用最广的卫星之一，许多国家都发射了通信卫星，并且很好地利用它实现多种服务。

分类

现代通信中，卫星通信是无法被替代的，现有常用通信提供的所有通信功能，都在卫星通信中得到了应用。按轨道的不同，通信卫星可分为地球静止轨道通信卫星、大椭圆轨道通信卫星、中轨道通信卫星和低轨道通信卫星；按服务区域不同，分为国际通信卫星、区域通信卫星和国内通信卫星；按用途不同，分为军用通信卫星、民用通信卫星和商业通信卫星；按通信业务种类不同，分为固定通信卫星、移动通信卫星、电视广播卫星、海事通信卫星、跟踪和数据中继卫星；按用途多少不同，分为专用通信卫星和多用途通信卫星。

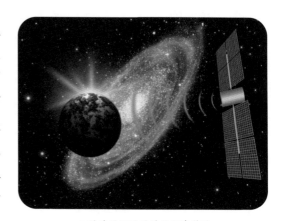

▲ 通过通信卫星进行信息传输

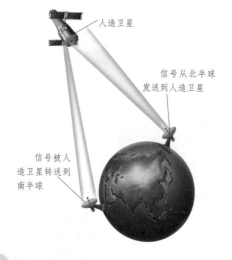

人造卫星

信号从北半球发送到人造卫星

信号被人造卫星转送到南半球

工作方式

当卫星接收到从一个地面站发来的微弱无线电信号时，会自动把它变成大功率信号，然后发到另一个地面站，或传送到另一颗通信卫星上，再发到地球另一侧的地面站上，这样，我们就收到了从很远的地方发出的信号。通信卫星一般采用地球静止轨道，从地面上看就像挂在天上不动。这样，接收站的天线就可以固定对准卫星，昼夜不间断地进行通信，不必像跟踪那些移动不定的卫星那样而四处"晃动"。

▲ 卫星通信

★★★ 工作特点 ▶▶

卫星通信不受地理条件的限制，组网灵活、迅速，而且通信容量大、费用省。由于电话、图像、电视等形式的信息都可以数字化，因此一颗数字卫星就可以完成很多工作。例如，拨打国际电话、拍发国际电报、转播电视、进行数据传输、实现全球个人移动通信等。

★★★ 电视转播 ▶▶

1963年，美国发射了第一颗地球同步轨道通信卫星，试验了横跨大西洋的电视和电话传输，真正解决了卫星通信的实际应用问题，并于1964年成功地转播了东京夏季奥运会的实况，把电视节目转播到美国。1984年4月8日，中国发射了"东方红"二号试验卫星，这是中国第一颗地球静止轨道通信卫星，可在每天24小时内进行全天候通信，包括电话、电视和广播等各项通信试验。

见微知著　卫星电视

卫星电视是利用通信卫星传送和转播电视节目的电视系统。电视节目从地面站发往通信卫星，再转发到其他地面站，地面站收到信号后传送到当地电视台转播。卫星电视覆盖面广、传输距离远、信息量大、信号质量高，特别是直播卫星数字可用较小的天线接收，很适合普通家庭使用。

▼ 卫星电视

★ 国防科技知识大百科

资源探测

地球资源卫星每18天就对同一地区进行重复观察，因此利用空中对地面摄影的方法，可以了解到许多地下的情况。煤、石油和天然气是世界的三大能源，也是国民经济的支柱产业。然而，这些能源由于特殊的形成原因，几乎都深埋于地下，对其勘探和开发都存在着很大的风险性。随着航天技术的发展，卫星遥感技术为能源勘探提供了一种新方法。

★ 遥感技术的应用 ▶▶

煤炭是中国最重要的一次性能源，煤炭工业是国家的支柱产业。目前，中国的煤炭产量位居世界第一。如此巨大的成就，和煤炭工业中遥感技术的应用是分不开的。在油气资源勘查、油田环境监测、油气工程评价等方面，石油遥感技术发挥着巨大作用。塔里木、柴达木、准噶尔等盆地及环渤海湾、东北地区、中原地区等都先后进行过石油遥感勘查研究。

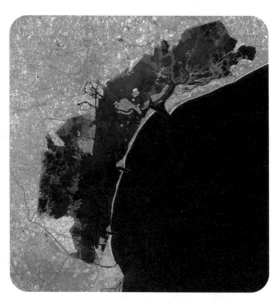

▲ "陆地卫星"1号拍摄到的威尼斯潟湖照片

★ 物体的光谱特性 ▶▶

大自然中的任何物质，不论有无生命，都以其自身特有的方式发射、吸收和反射电磁波的辐射，因此不同物体就具有自身特殊的频谱"标记"，物理学上称其为物体的光谱特性。利用卫星遥感技术探测矿产就是凭借着物体的光谱特性来完成的。这种仪器可以分辨出由地球反射回来的太阳光中各种不同的波长，辨认出不同物体的不同特征。人们通过分析这些光谱就可能判断出这些能源的分布情况。

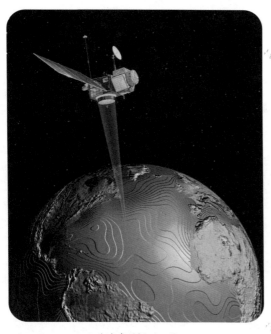

▲ 地球资源探测卫星

多波段成像勘探

多波段成像是把地面物体反射来的电磁波,按照波长分段记录。同一个物体,在不同波段的相片上都会有差别,而不同物体的这些差别更大。煤、石油和天然气等深埋在地下的矿藏日益减少,勘探的费用也越来越昂贵,难度也越来越大。于是,人们开始运用多波段成像技术发现那些隐藏在地下的资源。隐藏在地下的物体,也会使其上面的土层结构、地形发生细微的变化。这些变化会使土层中的含水性、长在上面的植物的种类和稠密程度不一样,这都会在多波段的相片中明显地显示出来。

▲ 乌加河是纳米比亚北部著名的季节河,每年只有数天有水在河床上流动

红外线探矿

所有的物体都会或多或少地向外辐射和发射红外线。地下埋藏有矿产的森林地区,其树叶上的叶绿素对红外线的反射往往比较强烈,在红外线波段的相片上,这片森林并不是深色的,而呈现浅色。因此,掩盖在树林底下的矿产的轮廓就显露出来了。红外线波段的相片对一些能辐射热能的矿产,如放射性矿产、地热源、硫化物矿产都特别敏感,因此,资源卫星往往可以清楚地发现它们的轮廓。

★聚焦历史★

稀土是21世纪重要的战略资源,在坦克、飞机、导弹等国防战略武器制造中应用广泛。2015年1月,中国通过卫星高光谱遥感数据捕捉获取了大地上的稀土矿藏分布情况。这一成果在中国遥感地质找矿领域尚属首次。

▼ 世界上20%的石油是由石油钻井从海底获得的,其中海洋卫星对海底石油的探测可谓功不可没

科学实验卫星

地球被厚厚的大气层所包围。大气层会不会对航天活动造成影响呢？有了科学卫星的帮忙，这些问题就都有了答案。科学实验卫星就是用于科学探测和研究的人造地球卫星，主要包括空间物理探测卫星、天文卫星、生物卫星和空间微重力试验卫星等。科学实验卫星获得了许多宝贵的资料，取得了丰硕的科学研究成果，对人类认识太空、进入太空、利用太空发挥了重要作用。

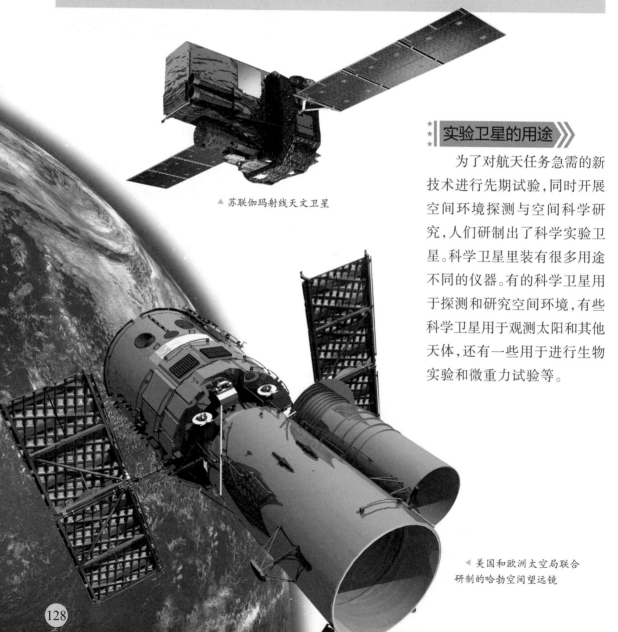

▲ 苏联伽玛射线天文卫星

★★★ 实验卫星的用途 ≫

为了对航天任务急需的新技术进行先期试验，同时开展空间环境探测与空间科学研究，人们研制出了科学实验卫星。科学卫星里装有很多用途不同的仪器。有的科学卫星用于探测和研究空间环境，有些科学卫星用于观测太阳和其他天体，还有一些用于进行生物实验和微重力试验等。

◀ 美国和欧洲太空局联合研制的哈勃空间望远镜

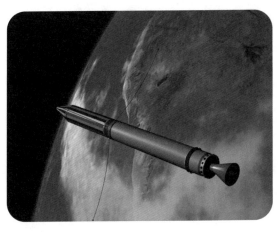

▲ "探险者"号卫星

"探险者"号

1958年,美国发射的第一颗卫星"探险者"号就是一颗科学卫星。它主要用于探测研究地球大气层和电离层,测量太阳辐射和太阳风等。此后,"探险者"发展成一个科学卫星系列。通过对太阳辐射的长期和连续监测,人们更多地了解了太阳质子事件对地球环境的影响,加深了人们对太阳与地球之间关系的认识。"探险者"号卫星系列大多为小型卫星,但其外形结构差别很大。由于探测的空间区域不同,它们的运行轨道有高有低,有远有近,差别非常大。

"电子"号

"电子"号卫星是苏联的科学卫星系列。1964年,苏联发射了四颗名为"电子"号的科学实验卫星,其主要任务是研究进入地球内、外辐射带的粒子以及相关的各种空间物理现象。这些卫星携带了大量仪器,包括高、低灵敏度的磁强计,低能粒子分析器,质子检测器,太阳X射线计数器以及研究宇宙辐射成分的仪器等,获得了地球辐射带、磁场、带电粒子的特性、空间分布等大量数据。

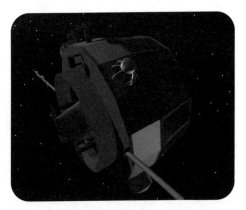

▲ 德国学者用科学卫星Equator-S磁层多尺度卫星重点探测赤道面内的空间现象

"实践"一号

"实践"一号是我国发射的第一颗科学实验卫星。1971年3月3日,"实践"一号搭乘"长征"一号运载火箭从酒泉卫星发射基地发射升空,使我国首次用卫星获取了空间物理数据。"实践"一号重221千克,外形为球型多面体,绕地球一周需要106分钟,主要任务是试验太阳能电池供电系统、主动无源温度控制系统、长寿命遥测设备及无线电线路性能等。"实践"一号设计寿命为1年,实际工作时间为8年,直到1979年6月17日才陨落。

▲ "实践"一号

★聚焦历史★

2014年12月,中国专家宣布世界首颗"量子科学实验卫星"完成关键部件的研制与交付。这标志着中国已成功实现"逆袭",跻身科学实验卫星"第一方阵",牢牢掌握了具有世界领先水平的尖端技术。

★国防科技知识大百科

地球资源卫星

地球上蕴藏着极其丰富的自然资源。人们如果进行实地勘探，往往会受到多种条件的限制，特别是深藏着无数资源和能源的广阔海洋，要了解它的详细情况，地面上的探测是远远不够的。于是，人们就发明了一种多用途的人造卫星——地球资源卫星。有了地球资源卫星的帮忙，资源探测就不会受到自然条件或地理位置的限制，许多神秘的地球资源就再也逃不过人们的眼睛了。

★ 发展历史 ▶▶

"陆地卫星"1号是世界上第一颗地球资源卫星，它由美国在1972年7月23日发射升空。之后的十多年，美国又发射了4颗陆地卫星，得到了数十万幅地球资源图片。1986年2月，法国发射第二代地球资源卫星——"斯波特"号，它采用了全新的可见光多光谱遥感器。1992年，采用合成孔径雷达和光学遥感器的第三代地球资源卫星在日本发射，使地球资源卫星具备了全天候、全天时、高精度的特点。1999年10月，中国和巴西合资研制的"资源"1号地球资源卫星发射升空，开启了中国现代卫星信息战的新时代。

▲ "陆地卫星"1号

▶ 地球资源卫星拍摄的维苏威火山

★ 主要任务 ▶▶

地球资源卫星是20世纪60年代在气象卫星的基础上发展而来的，是专门用于勘探和研究地球自然资源和环境的人造地球卫星。它通过光学照相机、电视摄像机和其他传感器获取大量图像数据信息，然后向地面接收站送回一套全球的图像数据。地面接收站对传回的各类信息进行处理和判读，从而掌握各类资源的特征、状况及分布情况。

▲ 日本的JERS-1第三代地球资源卫星

★★★ 分类 ▶▶

　　地球资源卫星能全面、迅速提供有关地球资源情况，对开发资源和发展国民经济有重要的作用。根据探测目标的不同，地球资源卫星主要分为陆地资源卫星和海洋资源卫星两类。其中，海洋资源卫星主要用于普查海洋资源和预报严重的自然灾害。海洋资源卫星一般采用太阳同步轨道运行，这样既能对地球的任何地点进行观测，又能在每天的同一时刻飞临某个地区，实现定时勘测。

▲ 中国在 1999 年 10 月发射的
"资源"1 号地球资源卫星

★★★ 系统构成 ▶▶

　　地球资源卫星主要由姿态控制系统、能源供应系统、信息传输系统和遥感仪器四大部分构成。其中，姿态控制系统多采用对地定向的三轴稳定控制方式控制、调整卫星的姿态；能源供应系统以太阳电池为主要能源；信息传输系统包括专门的宽频带、高速率数据传输设备等，用以传输数据信息量较大的遥感图像；遥感仪器主要有可见光和红外遥感器、微波遥感器两大类。

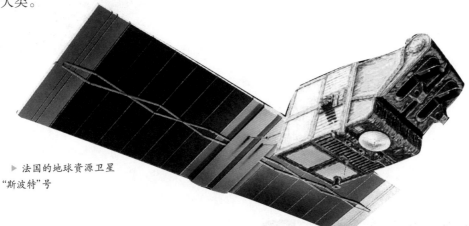

▶ 法国的地球资源卫星
"斯波特"号

见微知著　"斯波特"号卫星

　　"斯波特"号卫星是法国研制的地球资源卫星，重量为 1850 千克，长 2 米，宽 2 米，高为 4.5 米。卫星上装有两台高分辨率摄像机，工作在可见光和近红外波段，主要任务就是调查矿藏资源、植物资源和作物产量等地球自然资源。

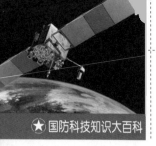

★ 国防科技知识大百科

探索海洋的卫星

人类的足迹几乎遍布了全世界，但神秘、浩瀚的海洋却是一块人类还未充分开发的地域，海洋中蕴藏着丰富的资源，开发和利用海洋资源就成了 21 世纪的重要课题。随着科技的发展，用于海洋探测的海洋卫星出现了，为海洋生物的资源开发利用、海洋污染监测与防治、海岸带资源开发、海洋科学研究等领域服务。目前，世界各国的海洋卫星和以海洋观测为主的在轨卫星已有 30 多颗。

★★ 发展历史 ▶▶

20 世纪 60 年代，利用卫星遥感器测量海洋动力环境的构想就被提了出来。十多年后，这个构想开始实施。1978 年 6 月 22 日，美国发射了世界上第一颗海洋卫星 Seasat-A。该卫星每天绕地球 14 圈，每小时对全球 95% 的海面环扫一遍。之后，苏联、日本、法国等相继发射了大型海洋卫星，来获取全天时、全天候海况资料。2002 年 5 月，中国海洋水色卫星"海洋"一号 A 成功发射。

寻根问底

海洋卫星携带有哪些先进设备？

海洋卫星自身主要携带以下几种设备：感测可见光和热红外的海水扫描仪，用于确定鱼虾贝类的集聚区；测量风速、风向的微波散射计与观测海面温度、盐分的微波辐射计，用于预测台风等海洋气候的变化；能穿透云雾、雨雪的合成孔径雷达，用于观察海水特征、海面漂浮、海浪波动等。

▲ 美国的第一颗海洋卫星 Seasat-A

★★ 分类 ▶▶

海洋卫星是在气象卫星和陆地资源卫星的基础上发展起来的，属于高档次的地球观测卫星。它按用途分为海洋动力环境卫星、海洋水色卫星和海洋综合探测卫星。海洋动力环境卫星主要用于探测海面风场、海面高度、浪场、流场以及温度场等要素。海洋水色卫星主要用于探测海洋水色要素（如叶绿素、悬浮沙等）和水温及其动态变化。海洋环境综合卫星主要用于对全球与近海各种信息的综合遥感监测。

◀ 中国台湾的 ROCSAT-1 卫星是一颗水色卫星，它的有效载荷为 6 通道水色遥感器

　　海洋卫星是海洋环境监测的重要手段。与陆地卫星和气象卫星相比,海洋卫星具有独特的特点:可以经济、方便地对大面积海域实现实时、同步、连续的监测;灵敏度和信噪比高;与海洋环境要素变化周期相匹配,空间分辨率高;可以进行陆地卫星和气象卫星无法探测的某些海洋要素的测量,例如海面粗糙度的测量、海面风场的测量等。

◀ 美法共同发射的 topex/poseidon 卫星
是目前最精确的海洋地形探测卫星

★★ 主要用途 ▶▶

　　海洋卫星的用途非常广泛,主要体现在6个方面:为海洋专属经济区外交谈判提供海洋环境和资源信息;提高海洋环境监测预报能力;海洋油气、海洋渔业和海岸带资源的调查与开发服务;获得实时的海况、流场、海面风速等资料,为航天器飞行轨道的计算提供数据支持;海洋污染监测、监视,保护海洋自然环境资源;加强全球气候演变研究,提高对灾害性气候的预测能力。

▲ 海洋卫星拍摄到的海面上形成的热带气旋照片

★★ 未来规划 ▶▶

　　中国的海洋卫星虽然取得长足发展,但与世界先进水平相比,差距较大。为此,国家对其进行了长远规划:中国要坚持独立研制的准则,积极储备关键技术,建立起海洋卫星体系,形成业务化运行能力,同时还要发展海洋卫星的应用,实行军民结合,综合利用,最终使中国海洋卫星及其应用水平达到国际先进水平,并在国际社会中占有一席之地。

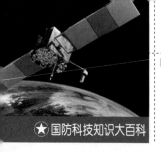
★国防科技知识大百科

极地探测卫星

　　地球南、北两极地理位置和气候条件等很特殊,因此人类难以到达。为了探测两极,人类发明了一种人造卫星——极地卫星。它在离地面600~1 500千米的轨道上运行,采用近极地太阳同步轨道,每隔12小时左右就可以获得一次全球的气象资料。由于它比地球同步卫星更接近地面,所以拍摄出来的图像的分辨率较高。目前,美国、中国、印度和俄罗斯都拥有极轨气象卫星。

★★ 运行原理 ▶▶

　　极地卫星的轨道平面和太阳光线保持固定的交角,每天差不多在固定的时间经过同一地区两次。卫星运行时,卫星上装备的仪器均是正对地球表面,否则照相机是倾斜的,拍摄的照片在各处的比例差别很大,有的区域被拉长,有的区域被压缩,云图的定位误差就比较大。为了提高定位精度,很多卫星都采用三轴地球定向姿态,保证遥感仪器时刻对准地球,精度达到了±0.1℃以上。

▲ 极地轨道卫星运行

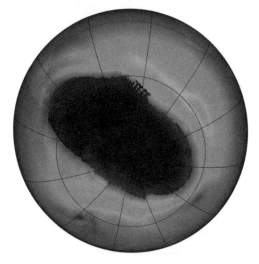
▲ 通过极地卫星的数据,科学家发现南极上空的臭氧层空洞

★★ 发现臭氧层空洞 ▶▶

　　大气臭氧层的损耗直接关系到生物圈的安危。由于臭氧层中臭氧的减少,照射到地面的太阳光紫外线增强,会对生物圈中的生态系统和各种生物产生不利的影响。1985年,英国科学家发现春季南极地区臭氧总量的下降。1978年,美国科学家用极地卫星对南极地区进行了探测,结果发现,在春季整个南极地区的臭氧总量都下降,同周围地区相比,就像一个空洞,这就是人们常说的南极臭氧层空洞。

★★★ 探测磁场 ▶▶▶

2009年,欧洲航天局在两极上空发射了3颗卫星,用以监测地球磁场的变化,以避免短期内可能发生的"事故",比如,保护低轨道人造卫星免受太阳粒子的侵袭。近几年来,极地卫星图像显示,地球的磁场一直减弱,这可能是地球南、北磁场发生大翻转的前兆。不过,地磁场两极倒转的过程极其漫长,需要5 000~7 000年才能完成。

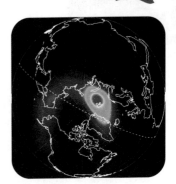

▲ 极地轨道卫星拍摄的第一张地球磁场 X 光合成照片

★★★ 冰川融化 ▶▶▶

全球变暖对南、北两极的冰川有极大的影响。极地卫星监测的数据显示,几年来,由于受到全球气候变暖的影响,北极格陵兰岛、南极洲以及美国的阿拉斯加地区共有约数万亿吨的冰川融化。由于融化的趋势丝毫没有变缓的迹象,海平面上升的速度正在逐年增快。如果全球冰川融化,海平面将上升66米,很多沿海地区将会被吞没。因此,全球气候变暖已成为人们高度关注的问题。

▲ 气候变暖导致冰川融化

★★★ 探测夜光云 ▶▶▶

在极地地区的傍晚,除了能看到美丽的极光外,还能看到一种透明、发光的波状云,这就是夜光云。夜光云一般距地面约80千米,呈淡蓝色或银灰色,是夜光云中的冰晶颗粒散射太阳光的结果。2007年,美国发射了一颗卫星,专门用于观测研究地球两极上空出现的神秘云团——夜光云。这些云团近几年来出现异常变化,呈现出越来越明亮的趋势。科学家认为,这与地球气候的变化有关系。

◀ 夜光云景象

见微知著 **极光**

极光是发生在高纬度地区的一种绚丽多彩的发光现象,是太阳释放的高能带电粒子到达地球后,在地球磁场的作用下,与高层大气分子或原子发生作用而产生的。极光不止地球上有,其他星球上也有。哈勃太空望远镜曾清楚地看到木星和土星这两颗行星的极光。火星探测车的仪器也曾监测到火星的极光。

★国防科技知识大百科

监测环境的卫星

无论是地球环境还是太空环境,对人们的生活和工作都有极大的影响。及时获知不利环境变化,监测灾害性天气,对生产、生活有很大帮助。为了全面监测环境,人们研制出了很多专门用于监测环境的卫星。美国、日本、欧空局、中国和印度等都相继发射了这种卫星。其中,美国的地球静止环境业务卫星发射最早,且一直居世界领先地位。

★★ 应用技术卫星 ▶▶

1966 年,美国在原主要用于通信试验的应用技术卫星(ATS)上装载了云图相机,每半小时拍摄 1 次。ATS 卫星运行在地球静止轨道,其成功促使美国发展专门用于气象业务的地球静止环境业务卫星。美国一共发射了 6 颗应用技术卫星,为通信、气象、导航、地球资源勘测等应用卫星的进一步发展进行了各种技术试验和研究。其中 6 号卫星取得的成果最多,它曾为美、苏"阿波罗－联盟"号飞船对接活动提供了通信支援,还给印度边远地区试播了一年教育电视节目。

▲ 应用技术卫星

▲ 早期的 GOES 卫星

★★ GOES 卫星 ▶▶

1975 年 10 月 16 日,美国成功发射世界首颗地球静止轨道环境业务卫星(GOES)。该颗卫星重量仅为 294 千克,采用自旋稳定设计,可 24 小时连续对西半球上空进行气象观测,还能收集和转发数据收集平台的气象观测数据。该系列卫星已经发射了 12 颗,其中后 5 颗 GOES 为第 3 代地球静止环境业务卫星,重量增加到 2 105 千克。

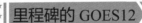

◀ GOES12

★ 里程碑的 GOES12 ▶▶

2001 年 7 月 23 日,GOES12 正式入轨。它除了装有监视地球大气层的气象仪器外,还装有监视来自太阳大气层 X 射线的设备,不仅能探测地球气象环境,还能对太阳耀斑进行连续观测。太阳耀斑会中断卫星和其他电子敏感系统的工作,而获取太阳耀斑信息有助于精确预报地磁风暴和太阳辐射风暴。GOES12 能每分钟拍摄一次太阳的炽热大气,获取最新的太阳耀斑信息。所以,它的发射具有里程碑的意义。

★聚焦历史★

2015 年 10 月,"吉林"一号商业卫星在酒泉卫星发射中心成功发射。这颗商业卫星组星包括 1 颗光学遥感卫星、2 颗视频卫星和 1 颗技术验证卫星,可为国土资源监测、土地测绘、农业估产、生态环境监测等领域提供数据支持。

★ "环境"一号卫星 ▶▶

2008 年 9 月,中国第一个专门用于环境与灾害监测预报的小卫星——"环境"一号卫星(HJ-1),在太原卫星发射中心"一箭双星"成功发射。它由两颗光学小卫星(HJ-1A,HJ-1B)和一颗合成孔径雷达小卫星组成,拥有光学、红外、超光谱多种探测手段,具有大范围、全天候、全天时、动态的环境和灾害监测能力。2012 年 11 月,HJ-1C 也成功发射,和"环境"一号卫星组网,形成"环境"一号卫星系统,对中国生态破坏、环境污染进行大动态监测。

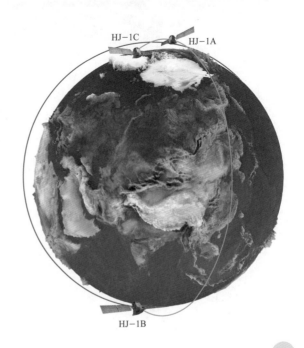

★ 国防科技知识大百科

环境污染监控

随着科技的进步和社会经济的发展,人类制造的污染物已大大增加,不仅影响了地球"母亲"的健康,而且也对人类自身造成了严重威胁。治理环境污染已经成为刻不容缓的任务。治理环境的时候,我们必须要先了解地球的状况,这样才能有针对性地提出具体的方案,而仅依靠人力是很难全面了解地球状况的,这时就需要地球卫星的帮忙。

巨大的作用

环境监测卫星既可以普查地球资源,也可以监测地球环境。环境监测卫星的使用大大丰富了环境和气候变化的科学数据,可以帮助科学家观测地球变暖、臭氧减少、海洋变化和冰层、植被消亡等现象,研究地表荒漠、火山爆发、洪水与厄尔尼诺等形成的原因,以及监控地球污染状况,并传回地球生态系统间相互作用的相关数据,找到地表污染源与污染原因。此外,环境部门可以借助这颗卫星监控非法开垦热带雨林等有损环境的活动。

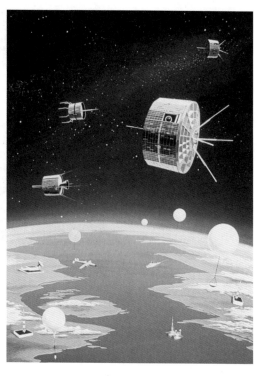

▲ 环境监测卫星

★聚焦历史★

2000年,科学家利用"恩维赛特"号卫星追踪观测到迄今为止发现的最大冰山,并借助卫星上的高精度温度探测器获得了冰山图像。这座编号为B15的冰山是从南极洲罗斯冰架上脱落的。它长约300千米,宽约40千米。

工作原理

环境监测卫星主要是通过对地球反射的光线进行测量得到监测数据的。大气中不同的气体有着不同的光谱吸收模式。卫星上搭载的特殊仪器可以利用这个原理测定各种污染物浓度,并运用大约8 000种色彩来表示不同的气体和浓度,帮助科学家了解世界各地的大气情况和污染发展趋势。

▲ 海上溢油不仅破坏海洋环境，而且还存在发生火灾的危险，因此，一旦出现溢油事故，一方面要尽可能缩小污染区域，另一方面要迅速消除和回收海面上的浮油

★★★ 监测溢油污染 ▶▶

石油溢油污染是最常见的海洋污染之一。一些气象卫星和资源卫星能够分辨出各种船舶溢油（原油、重柴油、轻柴油、润滑油等），得到溢油的分布、位置、面积、扩散漂移方向和速度，对油膜相对厚度进行分区，并根据影像数据推测油源，为人们采取措施清除污染提供数据和影像支持。

★★★ 火灾监测 ▶▶

森林火灾对林业资源有极大的损害，及时发现火情就能将损失降到最低。当森林发生火灾时，红外辐射就会增加数百倍。气象卫星监测到火灾发生前、后同一地点红外辐射量的不同，就可以及时发现火点，接收到的彩色图像可获取火灾现场情况和过火面积，以便客观、准确评估火灾损失，组织救火。例如，在大兴安岭火灾监测中，气象卫星就发挥了巨大的作用。

▲ 2013年6月19日，印度尼西亚森林火灾产生的烟雾向东弥漫，新加坡被烟雾和阴霾笼罩

▶ 欧洲宇航局的"恩维萨特"地球环境监测卫星装有大量先进的环境监测仪器，曾是世界最大的环境卫星

欧洲环境卫星 ▶▶

2002年5月1日，欧洲宇航局发射了"恩维萨特"环境卫星。它运行在太阳同步两极轨道上800千米的高空，可以利用各种不同的观测装备收集关于地球的各项资讯，如陆地、水、冰以及环境等，帮助科学家监控地球污染状况，并及时传回地球生态系统相关精确数据，找到污染源与污染原因。

★ 国防科技知识大百科

太空监测与测绘

1994 年，一颗彗星与木星相撞；2000 年，一颗小行星与地球擦肩而过。这两起事件让科学家们至今仍心有余悸。因为如果这些天体撞到地球上，可能会给地球带来巨大的灾难。目前，人类能做的只有提早发现这样的小行星。古时候，人们为了弄清海陆的具体面貌，花费了成百上千年，但对其仍是不甚了解。现在，人们采用遥感卫星，每天都能采集全球的图像和数据。

★ 监测近地天体 ▶▶

20 世纪 70 年代，帕洛玛山天文台上有一台照相望远镜专门用来监测近地天体。望远镜每隔半小时对同一块天空照相。如果小行星离地球较近，就会相对背景恒星作显著的移动，而被识别出来。到了 90 年代，电荷耦合器件被运用在望远镜上，观测人员一晚就可能发现 600 颗小行星。1994 年，亚利桑那大学天文台发现了一颗在距地球不到 10.5 万千米处飞过的小行星。要知道，月球离我们的距离都是它的 3 倍多。

▲ 帕洛玛山天文台及其内部监测近地天体的照相望远镜

▲ 美国的尼尔–舒梅克探测器飞临小行星爱神星

★ 应对小行星撞击 ▶▶

2000 年 2 月 14 日，美国太空总署将在太空遨游了 4 年的一艘飞船成功送入小行星爱神星运行的轨道，希望解开小行星的起源之谜，找到使地球免遭小行星撞击的办法。现在，人们已有能力通过事先观测、预警及空间拦截等手段，防止小行星撞击的发生。比如，人们可以发射载核弹头的宇宙飞船，提前与小行星相撞，使之偏离轨道，确保地球安全；或者利用光学透镜对准小行星照射，使之燃烧，从而改变其质量，使之偏离轨道。

▲ 利用航天器采集到的数据合成的火星地貌图

★★★ 航天地形测绘 ▶▶

　　测绘是指对自然地理要素或者地表人工设施的形状、大小、空间位置及其属性等进行测定、采集、表述以及对获取的数据、信息、成果进行处理的活动。航天地形测绘是利用人造地球卫星、宇宙飞船、航天飞机等航天器,对地球表面所进行的遥感测量。其中,卫星航天技术形成的对地观测系统,能提供全球性、重复性的连续对地观测数据,使我们可以源源不断地获取地球随时间变化的几何和物理信息。

见微知著　　近地小行星

　　近地小行星指的是那些轨道与地球轨道相交的小行星。这类小行星可能会有撞击地球的危险。目前,人们发现的中等体积大小的近地小行星数量约为2万颗,其中有500多颗的直径超过1千米。它们中任何一颗一旦撞击地球,都将给人类带来毁灭性威胁。

★★★ 卫星和航天飞机测绘 ▶▶

　　卫星测绘是目前最好的测绘方法,能在取得影像图的同时,及时更新数据库,如更新道路、居民点、植被覆盖等。另外,根据遥感影像,人们可以对地物要素进行分类,制作专题图等,以满足不同使用者的需要。航天飞机测绘也是一种有效的测绘手段,它的测绘覆盖面积广,采集数据量大,精度高。例如,2000年2月,美国的"奋进"号航天飞机进行测绘,获得了超过地球大陆80%的地表高度变化测量数据,这是第一个涵盖全球绝大部分地区的信息库。

▲ 根据"奋进"号航天飞机采集的数据合成的地面景象清晰、逼真

▼ "奋进"号航天飞机伸出可伸缩雷达天线杆进行地形测绘

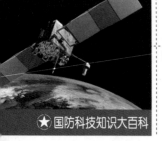

★ 国防科技知识大百科

深度撞击

2005 年 1 月 13 日，美国成功发射彗星探测飞船——"深度撞击"号。2005 年 7 月 4 日，"深度撞击"号释放出一颗 372 千克级的铜弹，撞击"坦普尔" 1 号彗星的彗核表面。作为人类历史上史无前例的空间实验，它使得人们能够探测彗核的内部构造，分析其组成部分，从而深入地了解彗星的演化过程。

探测器的组成

"深度撞击"号彗星探测器由用于撞击彗星的智能撞击器和在安全距离外拍摄"坦普尔" 1 号彗星的飞越探测器组成。飞越探测器长 3.2 米，宽 1.7 米，高 2.3 米，拥有 2 块太阳能电池板、1 个碎片盾以及数个科学仪器，主要负责近距离观测撞击彗星的过程，收集分析彗核样本，并把观测结果和撞击舱的数据传回地球。智能撞击器完全由铜制成，有效载荷占到撞击器总质量的 49%。它自带推进器和撞击定位感应装置，不仅能够帮助定位飞行轨道，还可以在接近彗星的过程中不断拍照。

▲ "深度撞击"号智能撞击器部分和飞越探测器部分分离

"追星"之旅

1996 年，三位美国科学家提出"深度撞击"计划。3 年后，计划正式启动。2005 年 1 月 12 日，美宇航局"深度撞击"号探测器成功发射，开始了漫长的"追星"之旅。在走过了 4.31 亿千米的漫长太空之旅后，"深度撞击"号于 7 月 4 日迎来了与"坦普尔" 1 号彗星"亲密接触"的激动人心时刻。撞击的 24 小时之前，铜质撞击器与探测器成功脱离，在自行导航系统的控制下，向着"坦普尔" 1 号彗星进行最后的冲刺。由于撞击地点距地球 1.32 亿千米，信号传回地球用了七分半钟时间。

◀ 携带"深度撞击"号的
"德尔塔"火箭准备发射

撞击成功

在经过三次轨道修正后,撞击器最终成功击中了"坦普尔"1号彗星,并在彗核表面留下一个约30米深、一个足球场面积那么大的深坑,使彗核表面溅起数万吨冰雪、尘埃等,并在太空中绵延数千千米。这次撞击虽然威力巨大,但不会改变彗星的轨道,也不会对地球构成危险。

▲ "深度撞击"号撞击成功

巨大意义

人们认为彗核中可能含有太阳系初生时遗留的物质,借助此次撞击可以对太阳系诞生的过程有更多了解。撞击彗星是人类预防小型天体撞击地球的一次尝试,让人类看到动用自己的力量避免天外灾难的希望。另外,整个过程的航天器无人控制技术堪称完美,这对人类未来远足外空,离开地球家园,前往外空开辟新的乐土,也具有重大意义。最后,场面壮观的"深度撞击"能激发出人类更多的想象,吸引更多的人投身科学探索。

见微知著 **"坦普尔"1号彗星**

"坦普尔"1号彗星是德国天文学家恩斯特·坦普尔在1867年发现的,并以他的名字命名。该彗星运行轨迹和状态稳定,没有太多新挥发的物质,利于观测。另外,它具有一定代表性,适合对所有彗星的研究,所以被选为撞击对象。

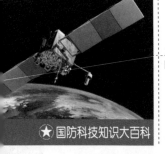

灾害预警与损失估计

地球上每年都会发生很多次自然灾害,造成巨大的人员伤亡和财产损失。灾害预警系统的建立为人们减灾、防灾提供了重要帮助,而卫星在灾害预警中则发挥了巨大作用。不过,人类还是不能完全、准确地预报灾害。因此,在灾害发生后,快速评估灾情,制定合理救援策略,为重建工作提供科学依据,是有效减轻灾害损失的手段。卫星遥感技术在灾后损失估计方面发挥着重要作用。

★ 灾害预警 》》

灾害预警是指灾害发生前的应急网络的建立和灾害信息的发布。2006年,俄罗斯发射了一颗名为"罗盘"2号的科学卫星,用来试验一些观测地震前地球磁层和电离层特有现象的科学仪器。俄罗斯还计划建立"火山"地空灾难预警系统,对地球各类灾难进行短期、中期和长期预测分析。

▲ 气象卫星拍摄的台风的生成过程及它在海洋上空的运动过程

★ 海啸和台风预警 》》

2004年,印度洋海啸给其沿岸国家带来了巨大的人员伤亡和财产损失,自此这些国家开始重视海啸预警系统的作用。而美国、日本早就建立了海啸预警系统,通过利用卫星对全球的监测,及时发布海啸警告,可以有效地降低灾难对人们带来的危害。2008年,台风多次登陆中国。虽然台风强度很强,但由于气象卫星时刻监测、追踪台风,准确预报了台风的动向,为合理预防提供了依据,因此台风造成的危害比以往小得多。

◀ 2011年3月,日本仙台以东海域发生地震并引发海啸。左图为卫星监测到的海啸前后海面的变化

地震预警

地震预警是指地震发生以后，预警系统抢在地震波传播到设防地区前，向设防地区提前几秒至数十秒发出警报，以减小当地的损失。目前，美国地质研究所已研制出一套卫星地震预警系统，可以在地震发生时同步测出地震震波，然后发出警报，并迅速传送出去。此系统可以争取到 30 秒的紧急应变时间，供灾害救难组织发挥功效，缩小伤害范围。

◀卫星拍摄到的 2013 年巴基斯坦达瓜尔地区发生地震时的照片

洪涝灾害评估

在洪涝灾害中，遥感技术应用十分广泛。卫星测绘的数据可以提供详细的有关道路、沟渠和大堤等基础设施的受损信息，为抢险救援策略的制定提供依据。1993 年，美国密西西比河发生洪灾，地球卫星快速提供了洪水淹没图，灾后几个月内，人们还利用卫星数据建立了洪灾分布图库，估计了灾害损失。

▶人们根据洪涝前（左图）后（右图）的对比图，可以清楚了解受灾情况

寻根问底

如何防范泥石流和滑坡？

泥石流和滑坡是由暴雨、暴雪或其他自然灾害引起的次生灾害，通常发生在山区或者土质松软的地区。水是造成泥石流和滑坡的罪魁祸首之一。植物可以阻止水土流失，因此种植植物可以减少泥石流发生，但是滑坡却很难避免，最好的办法就是远离易发生滑坡的地方。

滑坡和泥石流灾害评估

遥感技术应用在地质灾害评估上是极其必要的。它可以贯穿于地质灾害调查评价、监测预警、灾情评估以及灾害防治的全过程，例如对滑坡和泥石流发生后的灾害评估。2000 年，西藏易贡地区发生了滑坡，科学家利用卫星遥感技术进行了动态监测，用图像清楚显示了受灾范围、受灾对象以及灾后受损情况，为救灾提供了一定的依据。

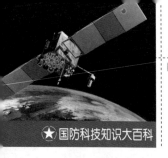

探测宇宙射线

　　宇宙射线是来自于宇宙中的一种具有相当大能量的带电粒子流,能穿透地球的大气层和表面。为了对它进行研究,俄罗斯、日本、中国、美国、法国等国家相继建立了宇宙射线观测站。虽然宇宙射线的起源尚无定论,但普遍认为它们可能来自超新星爆发,来自遥远的活动星系。目前,科学家们逐步了解到宇宙射线的多种特性,以及对地球和人类环境的影响。

★★ 宇宙射线的发现 ▶▶▶

　　第一个发现宇宙射线的人是德国科学家维克托·弗朗西斯·赫斯。1912年,维克托·赫斯带着电离室在乘气球升空测定空气电离度的实验中,发现电离室内的电流随海拔升高而变大,从而认定该电流是来自地球以外的一种穿透性极强的射线所产生的,于是有人为之取名为"宇宙射线"。分布在地球上的宇宙射线主要是来自深太空与大气层撞击的粒子,如质子、原子核或电子,其性质和结构多比较稳定。

▲ 维克托·赫斯乘气球测定空气电离度

★★ 全面的观测 ▶▶▶

　　目前,人类对宇宙射线采用的观测方式主要有三种,即空间观测、地面观测、地下(或水下)观测。宇宙射线主要是高能粒子流和中微子流,它们在穿过大气层到达地球表面时,有一部分会被大气层吸收掉。因此,建立在地面的观测站并不能全面探测宇宙射线,而位于太空中的卫星则避免了这一缺陷。

　　▼ 切伦可夫望远镜阵列是地面观测高能宇宙线的主要方法之一

★ 促使地球变暖 ★

全球变暖可能与宇宙射线有直接关系。温室效应可能并非全球变暖的唯一罪魁祸首,宇宙射线有可能通过改变低层大气中形成云层的方式来促使地球变暖。因为来自外层空间的高能粒子将原子中的电子轰击出来,形成的带电离子可以引起水滴的凝结,从而增加云层的生长。也就是说,当宇宙射线较少时产生的云层也少,如果是这样,太阳就会直接加热地球表面,使地表温度升高。

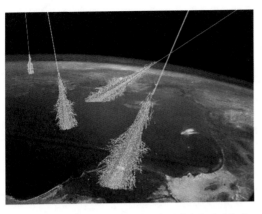

▲ 来自太空的高能量宇宙射线撞击地球大气层顶部时,会产生高能粒子流

★ 影响空中交通 ★

由于大气层的阻挡,宇宙射线到达地面时强度已经减弱了不少,但它仍可能对空中交通产生影响。例如,飞机上所使用的控制系统和导航系统都是由相当敏感的微电路组成的,一旦在高空遭遇到带电粒子的攻击,就有可能会失去原有的作用,给飞机的飞行带来相当大的麻烦和威胁。

最初的宇宙射线

电磁雨

勃朗峰

▲ 高能宇宙线与大气层中分子相撞,产生新粒子,形成次级辐射

见微知著　　　原子核

原子核位于原子的核心部分,由质子和中子两种微粒构成,而这些质子和中子又是由更小的称为夸克的粒子组成的。质子带有正电荷,但由于原子核外层的电子和质子的数量相同,而且带有等量的异种电荷,所以原子整体是呈中性的。

★ 导致生物灭绝 ★

宇宙射线很有可能与生物物种的灭绝与出现有关。当宇宙射线撞击地球大气层时,会产生其他粒子流。有些粒子能够到达地球表面,甚至能够穿透地下几百米,潜在地摧毁陆地和海洋的生命。

而某一阶段突然增强的宇宙射线很有可能破坏地球的臭氧层,并且增加地球环境的放射性,导致物种的变异乃至于灭绝。

★ 国防科技知识大百科

航天产业

　　航天技术的发展，不仅圆了人们飞上太空的梦想，也改变了人们的生活。人们将航天技术应用于各行各业，以至于出现了规模庞大的航天产业。这个集各项高科技于一身的产业，代表了科学技术进展的尖端。它的快速发展，不仅使神秘的太空成为人类理想的旅游基地、生产基地，还可以成为技术的研发地，促进科技飞速发展。

★★ 太空旅游 ▶

　　去太空旅游，观赏太空神奇的风光，体验失重的感觉，会令每个旅游者激动不已，因为这是一种前所未有的体验。曾经有调查称，60%的美国人、70%的日本人和43%的德国人都希望有朝一日能够到太空中去玩一趟。2001年4月30日，美国商人丹尼斯蒂托成为第一位太空游客，南非富翁马克－沙特尔沃思紧随其后，而第三位太空游客是美国人格雷戈里·奥尔森。

▲ 丹尼斯蒂托

★★ 太空农业 ▶

　　太空农业是以航天技术为基础，开发利用太空环境资源而开辟的一个崭新的农业领域。其中包括利用卫星或高空气球搭载作物种子、微生物菌种、昆虫等样品，培育新品种等。以蔬菜为例，"太空蔬菜"比普通蔬菜营养含量更高，抗病虫害能力强，且亩产量大。迄今为止，太空育种已经为人类带来超过40亿千克太空粮食。

▼ 科学家利用航天技术培育出新品种，为农业发展带来新的契机。

▲ 美国宇航员在国际空间站里展示一袋太空种子

★★★ 太空育种 ▶▶▶

太空育种就是把植物种子送上太空，在太空环境里经过诱变，然后返回地面，再经过连续几年的培育和筛选，形成具有优良性状的新品种，如大蒜能长到近 250 克，而萝卜幼苗甚至没有虫害。地面上普通青椒、番茄、黄瓜，上天转一圈回来，就摇身一变换了模样。这些东西能吃吗？经科学检测分析，它们没有本质变化，可以放心食用。

★★★ 太空工业 ▶▶▶

太空拥有微重力、高真空、超洁净和丰富的太阳能等宝贵资源。在太空工厂里有助于人类进行更广泛领域的新材料加工，细胞、蛋白质晶体的生长与培养，还能生产出更多更有价值的新物质。另外，开发月球或其他行星上的原材料，生产空间用的大型结构，如光学与射电天文观测仪器、远空间研究实验室、太阳能发电站和永久性空间住宅等，也是太空工业的一部分。

 寻根问底

在太空走一遭的种子都会产生变异吗？

在失重状态和高辐射的环境下，种子可能会产生基因变异。但并不是每颗种子都会发生基因诱变，其诱变率一般为百分之几，甚至更低，而有益的基因变异仅是 0.3% 左右。而且种子从太空中回来后，至少要经过三四代的筛选，然后才能到试验点去试种。

▲ 宇航员登陆火星的想象图

★★★ 技术移植 ▶▶▶

航天技术代表了人类技术的最尖端，如果能将这些尖端技术转化，为民所用，对经济和社会发展将产生巨大推进作用。例如，美国的"阿波罗"登月计划虽然耗资 240 亿美元，但却为美国培养了一代高水平科学家。这些科学家的研究成果化为民用后，回报竟然高达 9 倍。

▲ 我们通话用的无线电耳机技术也是从航天员通话技术中发展而来的

寻找外星人

　　人类走出地球、走入太空时，才发现宇宙是如此浩瀚。人类不禁开始思考，在这个空间的某个地方，是否存在着一个与地球相似的星球，上面生活着和人类相似的生物。古今中外一直有关于"外星人"的假想，在各国史书中也有不少疑似"外星人"的奇异记载。虽然现在人类还无法确定是否有外星生命，但人类已经开始寻找外星人。

地外文明

　　地球以外的其他天体上可能存在的高级生物的文明，被叫作地外文明。生命存在的条件是非常苛刻的，所在的天体要有坚硬的外壳，要有适宜的大气和适合的温度，还要有一定数量的水。据估计，在浩瀚的宇宙中，仅银河系中就有 6.5 亿颗行星可供人类居住，具有地球文明的天体数目就有几千到 10 万个。人们把外星生物称作"宇宙人"或"外星人"，他们具有与人类相似的高度智慧。

▼飞碟想象图

神秘的飞碟

　　飞碟是指不明来历，不明性质，漂浮及飞行在天空的物体，外形多呈圆盘状（碟状）、球状和雪茄状。地球上很多地区的上空都出现过神秘的飞碟现象。最早关于飞碟现象的记载出现在 1878 年。当时，美国的 150 家报纸登载了德克萨斯州的农民马丁看到空中有一个圆形物体，报道中称这种物体为"飞碟"。一些人认为不明飞行物并不存在，那只不过是人们的幻觉或对自然现象的一种曲解。但另一部分人认为不明飞行物是一种真实现象，而且证据越来越多。

▼外星人想象图

★★ 寻找途经 ▶▶

目前,人们寻找地外文明的途径主要有三种:一是从身边入手,寻找太阳系中的生命;二是根据太阳系的特征,在相似的星系中寻找是否有与地球环境相似的星球;三是发射和接收辐射信号,和外星人取得联系。科学家们制造了庞大复杂的设备,试图向外星发射信息和接收来自外星的信息。但是,经过了许多努力,人们依然没有找到外星人。

▲ 1974 年,位于波多黎各岛的阿雷西博望远镜向太空中的 M13 星团发射了一组无线电信息,试图寻找地外文明

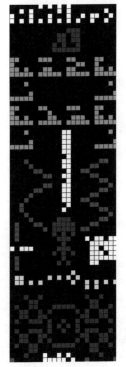

★★ 来自外星的信息 ▶▶

在人类不断寻找外星生物的同时,外星人似乎也在寻找人类。1924年,美国天文学家收获了一组来自火星的信息。1965 年,苏联天文学家侦测出来自飞马星座的无线电波,但是由于科技水平有限,这些信息都没能破解出来。除了信息,人们还发现了很多疑似属于外星人的信件、实物等。不过,这些东西都难辨真伪。

◀ 2001 年 8 月 14 日,在英国奇尔波顿天文台电波望远镜附近的麦田出现了奇特的数据条码符号图案,有人认为这组图案似是外星人对阿雷西博信息的回应

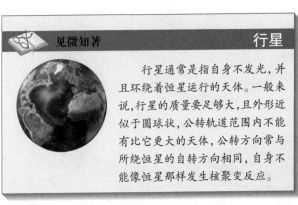

📖 见微知著 　　　　**行星**

行星通常是指自身不发光,并且环绕着恒星运行的天体。一般来说,行星的质量要足够大,且外形近似于圆球状,公转轨道范围内不能有比它更大的天体,公转方向常与所绕恒星的自转方向相同,自身不能像恒星那样发生核聚变反应。

★国防科技知识大百科

未来航天

人类对太空的探索才刚刚起步,航天技术虽然说已经取得了一定的成绩,但还是有很大的发展空间。未来的航天应用正向更高级的探索能力、更快的信息传递速度等方向发展。在太空中,人类走得越来越远,对太空的了解也越来越多,可还是有很多未解之谜等待着人类破解。未来的航天,将带领人类去往更遥远的星际空间,探索更神秘的未知世界。

光速飞行

现今的火箭主要靠燃料燃烧产生高压高温气体来推动,它们的速度很快,但在无垠的宇宙中航行却非常有限。光速是宇宙中最快的速度。于是,有人设想出了"光子火箭",希望在遥远的未来,人类能够借助光子的力量,使火箭具有光一样的速度。光子就是构成光的粒子,同样适用反作用力的原理。因此,利用喷管中喷出的光子流推动火箭前进,速度可以达到30万千米/秒。

▲ 未来太空飞行器想象图

★聚焦历史★

2015年9月28日,美国国家航空航天局宣布一项有关火星的"重大科学发现":在火星表面发现了有液态水活动的"强有力"证据。此前,火星上的水一直被认为是以固态冰的形式存在的。

火星基地

火星是地球的近邻,一些环境条件和地球也有相似之处,例如科学家在火星上发现了流动的水。因此,很多人设想能够在火星建立基地,届时让大批的地球人在上面工作、居住。不过,毕竟火星不是地球,上面的环境与地球差异很大,比如火星上的温度就比地球上低。因此,在火星建立基地,必须克服很多困难,这其中的艰辛是不足以用言语形容的。

▼ 火星基地想象图

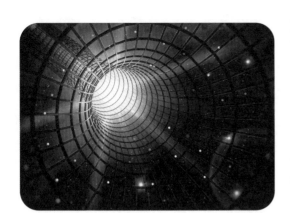

▲ 时空隧道概念图

★★★ 时空隧道 ▶▶▶

宇宙实在太广袤了，要达到遥远的星球花费的时间太长了，如果能建立时空隧道，"缩短"星球之间的距离，走个"近道"，将大大节省时间和资源。这样的设想并不是"天方夜谭"，科学家们已经想出建造时空隧道的原理和方法。在这样的隧道里，飞行只需要很短的时间，宇航员去往另一个星球工作，就好比人类现在每天上下班那样轻松。

★★★ 太空城 ▶▶▶

人口的急剧增长，导致城市的快速扩张，耕地减少。而随着航天技术的发展，建立太空城市，到太空中去生活和工作，就成为解决生存空间不足的突破口。未来，在太空中不仅有供人类居住的城市，还会有太空工业城、太空农业城、太空科研城等。各个太空城之间也会有方便的太空船和太空列车。

▲ 未来太空城的想象图

◀ 太阳帆船

★★★ 利用太阳风 ▶▶▶

太阳风就是人们常说的太阳光辐射。这种辐射的压力非常小，人们通常感觉不到。科学家们想到利用"风帆"的原理，来借助这种太阳风的力量，发明一种太阳帆船。只要这面帆的面积足够大，就能够产生足够的推力。而且太阳光辐射是源源不断的，帆船可以不断得到匀加速而行进着。